8초 인류

8초 인류

산만함의 시대,
우리의 뇌가
8초밖에 집중하지
못하는 이유

리사 이오띠Lisa Iotti 지음
이소영 옮김

미래의창

마음을 두는 자리가 곧 마음이니
스스로 지옥을 천국으로, 천국을 지옥으로 만들 수 있다.

- 존 밀턴, 《실락원》

한 번은 스승께서 제자에게 물으셨다.
"눈표범을 보았느냐?"
"보지 못했습니다." 제자는 대답했다.
"경이롭지 않으냐?" 스승께서 그에게 물으셨다.

- 찬드라 리비아 칸디아니, 《고요는 생물이다》

프롤로그

수년 전부터 나는 그곳에 가고 싶었다. 나의 열망은 일종의 집착처럼 자리잡아, 내 말을 들어주는 사람이라면 누구든 붙잡고 그 이야기를 했다. 그리고 마침내 그해 여름, 나는 주변을 정리하고 그곳으로 떠날 계획을 잡을 수 있게 되었다. (서구인들이 '길과 진리'라고 부르는) 부처님의 가르침의 총체인 담마Dhamma(법)를 전파하는 가장 전문적인 연구자의 지도 아래, 절대적인 침묵 속에서 9일을 보내는 과정이었다. 이는 수타Sutta의 가르침을 묵상하고 심화하기 위하여 세상으로부터 떨어져 보내는 9일이었다. 특히 이 과정은 들숨과 날숨에 대한 완전한 인식에 초점을 맞춘 것이었다. 여래가 '고

귀'하고 '신성'한 것이라고 정의했던 이 수행법은 여래가 스스로의 '자각'을 위해서도 근본적으로 중요했다고 언급했던 바로 그것이었다. 이 수행법은 마음을 고요히 진정시켜 정신이 바로 지금, 다른 곳이 아닌 바로 여기에 있도록 단련하는 일종의 생각 안정제라고 정의할 수 있을 것이다.

수련회는 전문가를 위한 과정이었으나 엄밀히 말해 나는 전문가가 아니었다. 그래서 내 경험들을 약간 부풀려 관계자들을 설득해야 했지만 결국 완전히 믿게는 만들지 못했다. 수개월 동안 나는 빈틈없는 수련회 관계자들을 설득하기 위해 내가 가진 능력을 총동원해야 했다. 그 수련회에 참여하는 것이 내게 얼마나 중요한 일인지 호소하고, 아침 6시 30분부터 앉아 있기와 걷기가 교대로 이루어지는 명상 시간 외에도 수련 과정 내내 컴퓨터도 스마트폰도 전혀 사용할 수 없고 다른 참가자들과 한 마디도 주고받을 수 없으며 외부와의 접촉도 완전히 차단되는 그곳의 엄격한 규율도 전혀 문제되지 않는다고 했다. 나는 기대에 부응할 것이고, 절대로 실망시키지 않을 것이니 나를 믿어달라고 진정성 있는 어조로 설득했다. 나는 마지막까지 받아들여지지 않을지도 모른다는 생각에 노심초사하고 있었기 때문에 입소 확인 메일을 받았을 때는 마치 방금 사면을 받은 죄수처럼 기뻤다.

영성 수련원은 일반적으로 떠올리는 수련원의 이미지 그대로였다. 제설혼합주의syncretism(각기 다른 내용이나 전통을 지닌 여러 학파나 종

파가 혼합된 것)와 우주적 형제애의 놀라운 예시를 담은 '묘법연화경'에 대한 세미나를 하고 세미나가 없을 때는 기도와 성찰 훈련을 하는 곳이었다. 엄숙하다기보다는 소박했고, 조금 어두웠다. 조그만 예배당의 대리석 바닥과 벽에는 여러 점의 종교화가 걸려 있고 입구에는 그 지역 사람들의 수호성인을 모신 탁자가 있었다. 맞은편에는 골짜기의 원형극장이 내려다보이는, 꽃과 식물이 가득한 정원이 있었다. 내 방은 가장 기본적인 것만 갖추어져 있는 작은 1인실이었다(나는 사실 다른 사람과 함께 써야 하는 것만 아니라면 그 어떤 것도 상관없었다). 침대, 작은 옷장, 조그만 탁자 그리고 벽에 걸린 십자가 하나. 세상과의 연결을 끊고 자기 자신과 다시 연결하기 위해 필요한 모든 것이었다.

입회 절차가 끝나자 규정에 따라 스마트폰을 끄고 재킷에 넣어 현관에 두었다. 그리고는 '최후의 만찬'을 위해 반지하의 큰 방으로 갔다. 다른 참가자들과 이야기를 나눌 수 있는 마지막 기회였다. 그 순간 이후로 우리는 눈빛과 몸짓으로만 소통할 수 있을 터였다. 아직 아무 일도 일어나지 않았지만 이미 나는 이 새로운 아날로그식 생활을 통해 (분명 자기암시 때문이었겠지만) 마치 짐을 하나 벗어던진 것처럼 한결 가벼워진 느낌이었다.

나는 자리에 앉아서 주위를 둘러보았다. 다른 사람들의 얼굴을 살피며 그들의 삶을 상상해보았다. 저들은 어쩌다가 8월 중순에 이 산꼭대기까지 오게 되었을까. 나는 탁자 위에 놓인 음식들을(전부 고기는 하나도 들어 있지 않았다) 바라보았다. 각각의 접시에는 '슈

트루델'(오스트리아의 전통과자)이나 '쌀밥'과 같은 식으로 음식의 이름이 적힌 메모가 있었다. '스튜'라고 적힌 그릇이 눈에 띄자 참가자들이 우르르 몰려들었지만, 고기 없이 잘게 다진 채소로 만든 음식이라는 것을 알게 되자 소란은 가라앉았다.

가벼운 마음으로 음식을 먹으면서 나는 본능적으로 친구에게 그 장면을 설명하려고 주머니를 더듬어 스마트폰을 찾았다. 그러나 늘 내 손이 닿는 곳에 있었고, 언제든지 내 생각들을 픽셀로 전환할 준비가 되어 있는 스마트폰은 그 자리에 없었다. 이상하고 생소한 느낌이었다. 누군가와 함께 내가 느끼고 있는 것을 이야기하고, 사진을 찍고, 그곳에 있다는 것이 얼마나 기쁘고 감사한 일인지 말하고 싶었지만 나는 아무것도 할 수 없었다. 비명을 지르려고 하지만 목소리가 나오지 않는 꿈, 도망치려 하지만 몸이 움직이지 않는 꿈, 하지만 깨어날 수 없는 꿈을 꾸는 것 같았다.

내가 나의 자제력을 과대평가했다는 사실을 깨닫는 데는 불과 몇 분이면 충분했다. 차츰 시간이 지날수록 내가 수천 가지 느낌을 경험하고 있더라도 오로지 나 자신을 제외하고는 그 느낌들을 공유할 사람이 아무도 없다는 것을 깨달았다. 마치 오른팔이 방금 잘려나간 사람이 손에 잔을 쥐거나 지퍼를 잠그는 것이 얼마나 중요한 일이었는지 깨닫고 경악하는 것처럼 말이다. 더 이상 존재하지 않을 때가 되어서야 알아차릴 수 있는 세부적인 느낌이었다. 아직 수련과정은 시작도 하지 않았는데, 나는 벌써부터 숨이 막히는 기분이었다. 스마트폰을 통해 누군가와 소통하고 화면을 터치하고 그저 '페이지 새로 고침'이라도 하고 싶은 기분이었지만 아무것도 할 수 없었고, 초조함이 더할수록 내 동요가 얼마나 무의미한지 더욱 느끼게 될 뿐이었다.

그러나 그때가 최악의 순간은 아니었다. 식사가 끝난 후 명상 수업을 위해 움직였다. 1층에 있는 대형 명상실은 양탄자로 덮여 있었고, 그 위에 앉아 있는 인원은 40명 남짓 되었다. 명상을 방해하지 않도록 매우 신경 써서 문을 닫아놓은 바람에 시간이 지나자 내부의 공기가 너무 더워져서 모기 한 마리 들어오려 하지 않았다. 감미로우면서도 끝이 날카로운 목소리를 가진 선생님은 우리가 자신의 말을 잘 따라오고 있는지 확인하기 위해 중간 중간에 "그렇죠?"라고 계속 물었다. 그녀는 한 비구(불교에 귀의하여 출가입도한 남자 승려)가 숲으로 들어가 나무 밑에 가부좌를 하고 앉은 이야기를 들려주었다. 그의 정신은 안정되어 있었으며 자신의 호흡을 의식하고 있었다고 한다.

그러나 나는 아무것도 이해할 수 없었고, 그녀의 말을 따라갈 수도 없었다. 그리고 그것은 푹푹 찌는 무더위나 부족한 산소 탓이 아니었다. 한 문장 건너 한 번씩 내 정신은 딴 데로 갔고, 엄청난 노력을 들여야만 다시 제자리로 되돌릴 수 있었다. 다른 수행자들은 모두 자신의 방석 위에 무릎을 꿇고 앉거나 가부좌를 한 채 꿈쩍도 않는 모습으로 주의를 기울이고 있는 것 같았다. 저들에게는 그토록 자연스러운 일이 나에게는 고통스럽게 느껴지는 것은 맥

빠지는 일이었다. 내가 누군가의 말에 이렇게 깊은 관심을 가진 적도, 동시에 내가 너무나 듣고 싶었던 말에 제대로 집중할 수 없었던 적도 거의 없었다. 나는 정신을 딴 데 팔지 않으려고 온갖 노력을 다 했지만, 내가 생각할 수 있었던 유일한 것은 내게서 2미터도 안 되는 거리에 있는 전원 꺼진 스마트폰이었다. 내가 어디선가 읽은 말 그대로, '산만함의 초절정' 상태였다.

마치 내게 제발 데리러 와 달라고 애원하는 스마트폰의 신음소리가 들리는 것 같았다. 얼마나 많은 왓츠앱 메시지에 응답하지 못했고, 얼마나 많은 알림이 내 스마트폰 화면에 쌓여가고 있었으며, 얼마나 많은 통화음이 허공에 울렸을 것인가? 나는 무엇을 놓치고 있었던 것일까? 아니, 어쩌면 아무것도 없었을 수도 있다. 어쩌면 왓츠앱을 통해 나에게 뭔가를 쓴 사람은 아무도 없고, 또 그런 것이 아니었다 해도 불필요한 메시지나 괴상한 이미지 파일들, 내가 뭐라고 답해야 할지 몰랐을 질문들이 들어 있는 채팅, 수년 전에 바꾼 통신사들이 성가실 정도로 끈질기게 새 상품의 계약을 종용하는 문자 메시지, 내게 마치 그만둘 권리가 없기라도 하듯이 내 나태함에도 포기하지 않고 몇 달 전부터 보내오는 헬스장 메일 같은 것이었을 수도 있다.

실제로는 첫 번째 가설, 즉 아무런 메시지도 안 왔을 것이라는 가설이 제일 가능성이 높았다. 며칠 동안 연락이 닿지 않을 것이라고 지인들에게 말해두었기 때문이다(비상시를 대비해 수련원의 연락처는 남겨두었다). 실제로 내 스마트폰에는 내가 굳이 개입해야 할 필요가 있는 일은 아무것도 일어나지 않았다. 사람들이 내가 무엇을 하는지 알아야 하는 것이 아니라, 내가 사람들이 무엇을 하고 있는지 알아야 하는 필사적인 생리적 욕구를 느끼고 있었던 것이다. 규소와 알루미늄, 구리, 코발트 및 희토류가 농축된 저 기기가 나에게 생명 유지를 위해 없으면 안 되는 물건이 될 것이라고는 생각해보지도 않았고 상상도 할 수 없었던 일이었다.

생각의 미로에서 길을 잃은 나는 수업을 띄엄띄엄 아주 조금만 이해할 수 있었다. 오징어 먹물 색의 짧은 단발머리, 동안인 얼굴, 강렬하게 빛나는 두 눈, 아름다운 미소를 가진 선생님은 내가 예상했던 것보다 훨씬 더 재능 있고 흥미로운 사람이었다. 나는 그녀의 모든 것이 마음에 들었다. 조금 까칠해 보이는 성격까지도. 나는 그녀가 팽팽한 줄 위를 걷는 것처럼 수업을 진행하는 방식이 좋았다. 그녀는 우리의 마음에 불을 밝히고 정신을 정화해줄 수 있는 사람이었지만 이미 나는 한참 전부터 그곳에 없었다. 나는 수업이 끝났다는 말이 떨어지기만을 기다리면서 그녀의 입을 뚫어져라 쳐다보고 있었다. 밖으로 뛰쳐나가 스마트폰을 집어 들고 어딘가에 몸을 숨긴 다음 스마트폰 전원을 다시 켜기 위해서였다. 입소 시 스마트폰을 압수해가지 않고, 나를 믿고 스마트폰을 소지할 수 있도록 허락해준 주최 측에 감사하며, 내가 자발적으로 서명한 계약을 어기더라도 말이다. 나의 과학기술적 해탈은 시작도 하기 전에 끝났다. 완전한 실패였다. 스마트폰을 켜면서 내가 그곳에 있는 사실을 의미없게 만들고 있다는 죄책감은 내 아이폰에 사과 모양 아이콘이 뜨는 것을 보고 느꼈던 안도감에 비하면 아무것도 아니었다. 스마트폰을 손에 쥔 나는 다시 집에 있는 것처럼 편안함을 느꼈다. 완전히 정신이 나간 것이다.

나는 내가 사물에 주의를 집중하는 능력을 상당 부분 상실했다는 사실을 오래전부터 알고 있었지만 집중을 유지하는 것이 그토록 중요했던 그 당시만큼 심각한 수준의 산만함을 느껴본 적은 없었다. 나는 나 자신이 어떤 식으로든 스마트폰 화면을 통하지 않은 그 어떤 형태의 상호작용도 견디지 못한다는 것을 깨달았다. 내가 얼마나 스마트폰을 물리적으로도 그리워했는지 깨닫는 데는 몇 시간이면 충분했다. 바보 같은 이야기지만 나는 스마트폰의 매끄러운 표면을 쓰다듬고, 둥글린 모서리를 느끼고, 손가락 끝으로 파인 홈을 따라가며 훑어댔다.

전체 수련 기간 동안 나는 그곳에 있는 사람들과는 전혀 소통하지 않았지만, 그곳에 없는 사람들과는 지속적으로 소통했다. 나는 내가 한 짓이 너무 부끄러웠고 다른 참가자들에게 그들도 나처럼 자신들의 방에서 아무도 보는 사람이 없을 때 양심에 눈을 감고 강박적으로 페이스북의 뉴스 피드를 스크롤하는지, 성서라도 되는 양 온라인 신문 업데이트에 매달려 있는지, 아니면 친구들에게 비슷한 골짜기 사진을 수십 장씩 보내는지, 피정의 9일 동안 단 9분 동안이라도 기기와의 연결을 끊은 채 있을 수 있는지 물어볼 용기도 없었다.

나는 수련원에 수행 마지막 날인 9일째까지 머물렀고 그것은 내 인생에서 가장 강렬한 경험이었다. 수련회의 취지는 모든 것으로부터 나 자신을 분리시키는 것이었지만 나는 그 무엇으로부터도 나를 분리하지 못했다. 나는 디지털 중독자였고, 그 사실을 직시해야 했다. 나는 모두를 실망시켰다. 나 자신까지도. 사랑하는 가족이 나를 데리러 왔을 때, 나는 전쟁터에서 돌아온 사람이 아니라 전쟁터에서 도망쳐서 집 지하실에 숨어 있던 사람이 된 것 같은 기분으로 그들을 껴안았다.

도대체 무슨 이유로 내가 그토록 원하던 일에도 집중하지 못할 정도로 스마트폰에 중독되었을까? 어째서 스마트폰이라는 도구는 언제나 (심지어 내가 다른 데로 주의를 돌릴 생각도, 그럴 필요도 전혀 없을 때조차) 나를 산만하게 만드는 것일까? 도대체 어떻게 내가 무슨 수를 써서라도 머물고 싶었던 곳에서 나를 멀리 데려갈 수 있었을까? 수련회의 경험 이후, 나는 내 나름의 깨달음을 얻게 되었고, 점점 더 많은 것들을 알아차리게 되었다. 친구들과 저녁을 먹으면서, 여행을 하면서, 회의 중에, 아이들의 학예회에서, 무슨 행사에서든 나는 스마트폰을 뚫어지게 바라보고 있는 수많은 사람들을 계속 목격하게 되었다.

그때부터 나는 스마트폰 강박증 전문가가 되었다. 사람들이 주변의 관심을 끌지 않으면서 왓츠앱이나 페이스북 계정을 확인하기 위해 인터넷에서 어떤 정보를 확인하는 척하는 것이 내 눈에 보이기 시작했다. 레스토랑에서 사람들을 슬쩍 둘러보면, 테이블

위에 올려놓은 스마트폰에 계속 눈이 가지만 테이블 맞은편에 앉은 사람 앞에서 자신의 갈망을 드러낼 것인지 아니면 조용히 안절부절 못한 채 있을 것인지 고민하는 것이 보인다. 사람들이 가방이나 옷 주머니에서 무언가를 찾는 척하면서 스마트폰 화면 위로 엄지손가락을 미끄러뜨려 자신의 도파민 분량을 챙기려고 하는 순간을 나는 대번에 알아차릴 수 있다. 왜냐하면 나도 늘 그러니까. 우리는 모두 그렇다. 비극적이고도 한심한 인터넷 금단현상으로 몸부림치면서, 음식을 먹고 숨을 쉬는 것처럼 이미 몸이 자동으로 반응하게 되어버린 증상을 서로에게 숨기려는 눈물겨운 시도 가운데 인류애적 범 연대를 이루고 있다.

이는 단지 지속적인 상호작용의 문제가 아니다. 어느 날, 사무실 책상에서 발견한 신경과학에 관한 책(배려심 깊은 동료들의 선물)을 뒤적이다가, 기억 연구의 선구자이자 학습 곡선과 망각 곡선을 최초로 규명한 헤르만 에빙하우스Hermann Ebbinghaus의 주장을 인용한 부분을 보게 되었다.

> 20분이 지나면 이미 우리는 공부한 것의 60퍼센트만을 기억할 수 있고, 1시간이 지나면 절반이 채 안 되며, 하루가 지나면 단지 3분의 1만 기억할 수 있다. 한 달이 지나면 뇌 속에는 정보의 15퍼센트밖에 남지 않는다.

헤르만 에빙하우스는 스마트폰이 우리 삶에 등장하기 98년 전인

1909년에 사망했다. 그가 오늘날에 살아 있었더라면 뭐라고 썼을까? 기억력과 관련된 수치들이 그대로 유지되었을까? 아닐 것 같다. 나는 지금은 더 이상 기억하지 못하지만 한때는 줄줄 외웠던 모든 정보들을(전화번호, 자동차로 갈 수 있는 경로, 길 이름, 역사적 사건 등) 생각해본다. 터치 한 번으로 모든 것을 알 수 있게 된 뒤로 내 기억은 비워지고 구멍이 숭숭 뚫린 느낌이다. 이는 인생에서 지속되는 것은 아무것도 없다는 무상無常의 철학적 원리와도 같지만 이제는 내가 획득하는 정보에 적용되는 원리이기도 하다.

내가 보기에 이 고리를 벗어나는 것은 불가능한 것 같다. 에빙하우스가 누구인지 정확히 알기 위해 그리고 내가 지금 이 글을 쓰면서 부끄럽지 않기 위해서라도 나는 스마트폰으로 구글에서 검색을 해야 했다(결국 이 링크에서 저 링크로, 인터넷을 굽이굽이 헤매다가 20분을 잃어버렸지만). 그리고 나는 이미 알고 있다. 무엇을 찾든 하루 뒤면, 아니 몇 시간 뒤면, 기억 소실에 대해 말했던 어떤 사람의 이야기가 가물가물해질 것이라는 것을 그리고 이것은 바로 우리가 읽는 것 중 상당 부분을 빨리 잊어버린다는 사실과 관련이 있다고 나는 믿는다.

지난 15년에서 20년 사이에 일어난 인터넷의 발전과 스마트폰의 등장은 우리 세계의 자연적 한계를 지워버렸다. 이 두 가지 발명품이 출현하기 전까지 인간에게는 미지의 공간이 있었다. 모든 것을 알 수 있는 것도 아니었고, 모든 질문에 대한 답변이나 지침이 있는 것도 아니었다. 어느 순간에는 어쩔 수 없이 멈춰야 한다는 것을 알고 있었기 때문에 나름대로 안심도 할 수 있었다. 한계에는 좋은 점도 있는 것이다. 그런데 구글이 우리의 삶에서 미지의 개념을 제거했고 우리에게서 그늘진 영역을 빼앗아갔다. 우리가 완벽한 알고리즘 안에서 살아가고 있다면 우리는 대체 무엇을 하고 있는 것일까? 스스로 변화하고 스스로 고쳐지는 세상을 우리가 어떻게 변화시키고 고칠 수 있을까? 스마트폰이 우리의 삶에 들어온 이후로, 인터넷이 모든 것을 다 알고 모든 곳에 존재하는 것이 된 이후로 나는 줄곧 궁금해했지만 세상을 고치겠다는 생각을 해본 적은 없는 것 같다. 앞으로는 물음표 같은 자세로 스마트폰 화면 위로 고개를 숙이게 될 때마다 세상을 고치겠다는 나의 미션을 생각할 것이다. 정신 차리라는 경고의 의미로, 티쿤 올람!

질문은 수만 가지인데 대답은 하나도 얻지 못했다. 압도적인 비율이다. 내가 알게 된 것은 적어도 이러한 변화를 이해하려고 어떠한 노력이나 시도도 하지 않고 그 변화에 굴복하고 싶지는 않다는 것이다. 나는 그러한 노력이나 시도의 일환으로 조사를 하기 시작했다. 그리고 발견한 문서에서 다음과 같은 글을 찾았다.

> 1965년, 인텔의 엔지니어 고든 무어Gordon Moore는 마이크로칩의 속도와 성능이 기하급수적으로 증가할 것이라고 예측했는데, 그의 예언은 지난 50년 동안 충분히 실현되어왔다. 만약 1960년대부터 50년 동안 자동차가 그처럼 기하급수적인 성장을 했다면 지금 자동차는 시속

30만 마일로 달릴 것이고 가격은 단돈 4센트에 불과할 것이다. 마이크로칩의 급속한 성장으로 인해 많은 사람들이 언제 어디서나 인터넷에 연결되어 있는 작고도 강력한 컴퓨터를 늘 가지고 다니게 되었다. 오늘날 스마트폰과 스마트워치가 여러 웨어러블 기술들로 보완되면서 이러한 경향은 점점 더 강화될 것으로 예상된다. 다른 사람들과 장소 및 사물과 지속적으로 연결되어 있다는 사실은 우리를 둘러싼 '실제'(디지털이 아닌) 세계에 어떤 식으로 영향을 미칠 것인가?

이것은 조지타운대학교에서 행한 실험적 연구의 서문이다. 〈스마트폰은 모르는 사람들 사이에 미소를 줄인다〉라는 제목의 이 연구에 따르면, 스마트폰은 상호작용을 하는 것이 정상적인 평상시 상황에서 낯선 사람에게 미소를 짓는 우리의 성향을 억제할 수 있다. 얼굴 구조의 특정한 근육을 사용하고 진정한 감정을 전달하는 순수한 미소를 과학자들은 '뒤센 미소'라고 이름 붙였다. 미소는 우리의 공감 정도를 측정하게 해주고 타인을 향한 주요 관문을 나타낸다. 조지타운대학교의 연구진들은 "접근을 지향하는 가장 중요한 사회적 행동인 미소는 비언어적 메시지로서 매우 즉각적이고 강력하여 신생아조차도 인식하고 응답할 줄 안다"라고 기술했다. 우리가 미소라고 부르는 입술의 움직임은 사회적 관계 내에서의 유쾌한 교류뿐만 아니라 새로운 관계를 구축할 때도 기본 조건이 되는 두 가지, 즉 안전과 신뢰의 감정을 낯선 사람에게 전달하기 위해 특별히 진화한 몸짓이라고 할 수 있다.

조지타운대학교의 과학자들은 서로 모르는 사람들을 대기실로 불러서 10분 동안 옆에 나란히 앉아 있게 했다. 사람들은 자신들이 왜 그곳에 있는지 정확한 이유를 알지 못했고, 몰래 카메라로 촬영되고 있다는 것도 전혀 알지 못했다. 그들 중 일부는 스마트폰을 소지하게 했고 다른 일부는 대기실 밖에 스마트폰을 두게 했다. 카메라 영상을 분석한 결과, 주머니에 스마트폰을 가지고 있었던 참가자들은 스마트폰을 가지고 있지 않았던 참가자들에 비해 훨씬 적은 횟수로(30퍼센트 적었다), 또 진정성이 훨씬 낮은(즉, 뒤센 미소가 아닌) 미소를 지었음이 드러났다. 이 연구는 자생적인 소외 메커니즘으로 설명된다. 만약 내가 스마트폰 위로 고개를 숙이고 있는 것을 당신이 본다면 당신은 내가 당신과 상호작용하는 데 관심이 없다고 생각할 것이고 이것은 당신으로 하여금 나를 대할 때 덜 친절하게 행동하도록 만든다. 그러면 내 쪽에서는 당신의 그런 태도를 당신이 나와 별로 말하고 싶지 않다는 의사로 해석할 것이다. 돌고 돌아 끝이 나지 않는 결론이지만, 그 자리에 없는 사람들과 스마트폰으로 연결되어 있다는 사실이 그 자리에 있는 낯선 사람들과 상호작용해야 할 필요성을 줄인다는 점은 분명하다.

다른 사람과의 접촉, 특히 우리가 모르는 사람과의 접촉은 언제나 피곤함을 전제로 한다. 누군가를 안다는 것은 그 사람을 경계선 안으로 들어오게 한다는 것을 의미하며 의사소통, 끌어당김, 유혹, 밀어냄의 전략을 세워야 한다는 뜻이기도 하다. 자신을 드러내고서 기대와 방어, 오해나 거절과 같은 감정에 시동을 건다는 것이다. 원래 알던 사람이 새로 아는 사람보다 편하다. 그 어떤 새로운 형태의 관계도 위험이 없는 경우는 없다. 그 위험이 오로지 치명적인 지루함뿐일지라도 말이다. 반면에 조지타운대학교의 연구진들이 지적한 것처럼, 스마트폰은 "낯선 사람과의 만남처럼 잠재적으로 난처한 상호작용에 대응하는 친숙하고 편안하며 주의를 산만하게 하는 대안"을 제공하여 "불편한 상황에 처한 사람들의 수를 줄임으로써" 예상하지 못했던 일들을 피하게 해준다.

기술이 우리 손에 낯선 상황으로부터 스스로를 자유롭게 할 수 있는 특별한 기회를 쥐어준 이래로 불편함이나 피로, 노력은 모두 우리가 더 이상 받아들일 필요가 없는 경험이 되었다. 대신 우리는 새로운 관계를 통해 얻을 수 있는 모순과 무질서와 신비로움, 타인과의 친밀함은 물론이고, 우리 자신과의 친밀함마저 회피하는 것으로 대가를 지불하고 있다.

기술의 발전으로 인류가 겪을 수 있는 모든 손실 중에서 덜 미소 짓는다는 것이 가장 사소한 것으로 보일 수 있다는 점을 알고 있지만, 미소의 실종에 대한 연구는 내게 스마트폰과 소셜 미디어의 시대에 세상을 탐구하고 싶게 만든 결정적 동기가 되었다. 나는 실리콘 로드를 따라 여행을 시작했고 이러한 변화를 보다 면밀히 연구하고 있는 몇몇 사람들을 만나러 갔다. 신경과학자, 심리학자, 기억 연구자, 강독 연구자, 교사, 분석가, 전체론Holism 교수들, 네트워크 인류학자, 데이터 과학자, 마케팅 전문가 등이 바로 그들이다. 영혼의 러디즘Luddism(기계화나 자동화에 대한 반대)을 주장하고자 하는 것이 아니다. 올바른 정신을 가진 사람이라면 누구도 부인할 수 없는, 기술의 대체 불가능한 이점들을 나는 완벽하게 인식하고 있다. 여기서 문제는 우리가 얻는 것이 무엇인지 이해하는 것이 아니라, 우리가 잃는 것이 무엇인지 인식하는 것이다. 우리는 어스름한 황혼과 흡사한 디지털 르네상스의 시대에 살고 있다. 철학자 한병철은 "스마트폰은 단순한 입출력 모드로 작동하는 디지털 기기다. 스마트폰은 모든 부정否定의 형태를 추방한다. 스마트폰으로 인해 우리는 복합적인 방식으로 사고하는 법을 잊어버리게 된다"라고 지적했다. 과연 그럴까? 요즘 같은 첨단 기술 혁명의 시대에 우리의 두뇌는 풍요로워지는 대신 위축되고 있는 것일까?

우리 모두는 점점 덜 사회적이 되고 점점 더 주의가 산만해지며, 우리가 누구인지, 자신과 다른 사람들에게 무엇을 하고 있는지, 우리의 행동에 어떤 가치를 부여하는지, 후손들에게 물려줄 지구에 어떤 의미를 부여하는지에 대해 점점 더 신경 쓰지 않는다. 기억도 없고 관심도 없고 고개를 들 능력도 없으며 더 이상 인내심도, 심지어 미소도 없는 우리는 어떻게 될까? 50년 뒤에 지구상에 살고 있을 인간은 어떤 종류일까? 나는 그것이 알고 싶어졌다.

이 책은 그 발자취를 따라가는 나의 여정이다.

차례

1

하이퍼커넥션의 시대

로마에서도 콘도띠Condotti 거리는 아마 '시간의 마찰'을 느낄 수 있는 최후의 장소일 것이다. 역사의 지도보다는 신용카드에 더 많은 흔적을 남길 이 휘황찬란한 거리를 걷노라면, 옛날에 포폴로 광장을 두근거리는 마음으로 통과한 여행자들이 집과 공방으로 꽉 찬 골목길을 누비며 '영원의 도시' 로마의 예술가들과 얼굴을 마주쳤을 시절의 로마의 이 구역은 어땠을지 상상하기 힘들다('미술가들의 길'인 마르구타 거리도 바로 뒤에 있다). 아니면 그 길 끝에 있는 스페인 광장에 이르러 트리니타 데이 몬티의 계단에 앉은 남녀 모델들의 얼굴에서 불멸의 그림들 속 주인공으로 분했던 얼굴을 알아보게 되었을 때, 마테오 성인이 되었다가 라오콘이 되었다가 하면서, 낮에는 성녀가 되었다가 밤에는 창녀가 되었다가 하면서 힘들게 푼돈을 긁어모으던 그 불쌍한 사람들의 얼굴을 알아보게 되었을 때 느꼈을 놀라움은 어땠을까?

이곳은 내가 산책하기 가장 좋아하는 로마의 명소 중 한 곳이다. 베르니니의 분수 앞에서, 또다른 종류의 만족감을 주는 기념물인 상점 앞에서 사진을 찍느라 정신없는 관광객들을 보는 것도 좋아하고, 1년 열두 달 군밤을 구워 파는 (군밤이 아니라 노란 보석인양 비싸게 파는) 군밤 장수들 사이에서 길을 헤매는 것도 좋아한다. 마치 빵집을 더 이상 빵집이라 부를 수 없고 베이커리라고 불러야 한다는 듯이, 시대에 뒤처지지 않기 위해 간판의 글자를 바꿔 다는 가게들을 보는 것도 좋아한다. 내가 이곳에 오는 것은 로마에 대한 일종의 사랑의 행위다. 무엇인가를, 누군가를 사랑하는 것은 지금의 모습 때문만이 아니라 과거의 모습 때문이기도 하니까.

엣토레 스콜라 감독의 영화 〈가족Famiglia〉에서 카를로는 "봄에는 모두가 사랑에 빠지기 좋다. 그러고 나서 사랑이 비에 얼마나 견디는지는 봐야 한다"라고 말했다. 이따금 나는 더 이상 글 쓸 거리가 없다고 느낄 때면, 또는 이 도시가 산산조각 나고 있고 이 도시와 함께 나도 그렇다고 느낄 때면 콘도띠 거리의 카페 그레코Greco로 피신한다. 베네치아의 플로리안 카페 다음으로 가장 오래된 이탈리아 카페다. 가격이 왕족 급이라 이곳에 자주 가지는 않지만, 수세기 동안 그 자리를 지키고 있으면서 우리에게 로마가 어땠는지, 또 제국의 변방으로 도태되기 전에 우리 모두가 어땠는지를 상기시켜주는 그런 장소들 중 하나다. 또한 나에게 그곳은 가능성의 장소, '만약 그랬더라면 어떻게 되었을까'를 생각하게 하는 장소이기도 하다.

스무 살에 나는 볼로냐대학교에서 미술사를 공부하고 있었고 그 길이 내 길이라고 생각했다. 처음으로 카페 그레코에 들어섰을 때 나는 내가 날마다 공부하는 과목이 내 앞에 펼쳐져 걸려 있는 것을 발견했다. 로마의 성당들과 박물관들을 돌아다니며 메모를 하고 여기에 와보니 이 도시 이곳저곳에 흩어져 있는 모든 것이 하나의 공간속에 응축되어 있음을 발견한 것 같았다. 오늘날 나에게 그곳에 돌아간다는 것은 그 시절의 경이로움을 만난다는 것 그리고 길이 갈라지는 지점을 잠시 응시한다는 것을 의미하기도 한다. 어떤 길은 지금의 모습으로 이끌어준 길이고, 또 다른 길은 우리가 결코 되지 않을 모습으로 이끌었을 길이다. 만화경 같은 인생에서, 우리 모두에게는 만화경의 원통을 돌린 순간이, 그래서 그 안의 형형색색의 유리들이 하나의 그림을, 일과 만남과 우정과 사랑을 만들어낸 순간이 있었을 것이다. 하지만 다른 방향으로 원통을 돌렸다면 어떻게 되었을까? 또 다른 방향으로 돌렸더라면? 아니면 원통을 전혀 돌리지 않았더라면?

카페 그레코는 나에게 두 갈래로 나뉘는 오솔길들이 있는 정원 같은, 바로 그런 곳이었다.

이 도시 어디를 가도 이런 장소는 찾아보기 힘들 것이다. 다양한 예술가들의 작품 300여 점이 벽 구석구석에 걸려 있는 이곳은 대중에게 개방되어 있는, 세계에서 가장 큰 개인 미술관이라고 할 수 있다. 건물의 1층 전체를 차지하고 있는 이 카페는 돌로 된 팝업처럼 하나씩 차례로 열리는 응접실들과 복도들이 빼곡한, 경이로움으로 가득한 거대한 홀이다. 내부에 있는 모든 것이, 레반트 출신의 니콜라 델라 막달레나가 문을 열었던 1760년 그때 그대로, 사자 발을 한 둥근 대리석 탁자들 중 하나, 아니면 단단한 목재로 만든 벨벳 의자들 중 하나라도 옮길 생각을 그 누구도 하지 않은 채, 그때 그대로 남아 있는 것 같은 느낌을 준다. 수세기가 지나는 동안 분명 찻잔 몇 개는 깨졌을 테지만 그들은 여전히 고딕풍의 글씨가 박혀 있고 가장자리에 금테를 두른 옛날 도자기 잔에 커피를 내온다.

물론 커피의 낭만과 매력은 계산서가 도착하면 바람이 좀 빠진다. 에스프레소 한 잔에 7유로는 과하다. 하지만 존 키츠, 바이런 경, 요한 볼프강 괴테, 안토니오 카노바, 기욤 아폴리네르, 자코모 카사노바, 아서 쇼펜하우어, 가브리엘레 단눈치오, 조르쥬 비제, 아르투로 토스카니니, 제임스 조이스, 자코모 레오파르디, 조르조 데 키리코, 레나토 구투소(무작위 순으로 목록은 거의 끝이 없다)가 앉아서 커피를 마시던 자리가 있는 장소는 많지 않다. 세상에는 저항할 수 없는 신비한 마력을 지닌 장소들이 존재하는데 카페 그레코는 바로 그런 곳 중의 하나였고, 수세기 동안 지식인과 예술가들의 기준점이기도 했다.

주말에 시간을 내서 카페 그레코에 갔다. 아주 한참 만의 방문이다. 그저 두어 시간 정도 그곳에 머물면서 고급스러운 침묵을 즐기면서 긴장을 풀고 아이디어를 떠올리고 내가 하고 있는 연구에 대해 생각하고 싶었다. 카페 그레코의 입구는 별 특색이 없고 간판은 다른 카페와 다를 것이 없다. 그러나 안으로 들어가자마자 보이는 제과 코너의 진열장을 지나면 중력 같은 끌림이 나를 사로잡았다. 마치 이곳의 공기는 다른 어떤 특정한 질량을 갖는 것 같았다. 아직 이른 시간이라 손님이 거의 없었고, 종업원도 말 한마디 없이 나를 테이블로 안내했다. 이 카페는 종업원마저 카페보다 더 중요한 무언가에 소속된 것처럼 보이고, 멋지게 연미복을 차려입어 먼 옛날 도박장 관리인 같은 절제된 분위기를 풍기며, 엄숙하면서도 존경심을 불러일으키고, 사람들에게 영감을 주는 아스라한 느낌을 풍기고 있다. 시간이 흘러 조금씩 관광객들이 들어오기 시작했다. 수많은 시간이 흘러 이제는 관광객들이 이 카페의 유일한 단골이 되어버린 것이다.

나는 마음이 약간 불편한 채 메뉴를 훑어봤다. 어디서 오는지 도무지 알 수 없는 이 불편함은 점점 더 강하게 느껴졌다. 대리석 바닥에 질질 끌리는 슬리퍼 소리 때문만은 아니다. 그것이 내 집중을 어느 정도 방해하는 것은 맞지만 말이다. 내가 느끼는 불편함은 점차 수많은 사람들에게(커플들, 자녀를 데리고 온 가족들, 혼자 온 이들, 온갖 대륙에서 모인 온갖 부류의 사람들에게) 둘러싸인다는 것 때문이었다. 이들 모두에게는 한 가지 공통점이 있다. 바로 스마트폰이다.

이들은 소파에 앉아 스마트폰으로 영화를 보고, 영상통화를 하고, 음악을 듣고, 신고전주의 그림들 밑에서 아이들에게 시끄럽기 그지없는 애니메이션을 보여준다. 벨소리가 크게 울려도 늑장을 부리며 전화를 받고, 사진을 마구 찍고, 또 그 자리에 있는 이들에게 그 사진을 보여주며 신나는 경험을 공유한다. 자리에 앉기도 전에 그곳은 한 줌의 메가 픽셀로 축소되고 해안가 암석 기둥들 사이로 치고 들어왔다 쓸려나가며 으르렁대는 파도처럼 뻔뻔스러운 아우성이 되고 말았다.

나는 30분을 버티다가 읽으려고 가져왔던 책과 거품 보글보글한 커피를 들고 방목하는 가축 떼처럼 약간의 조용함을 찾아 이 테이블에서 저 테이블로 옮겨다니기 시작했다. 결국 입구에서 가장 가까운 작은 응접실에서 복도 끝에 위치한 입구 반대편의 델레카로쩨 길에 면한 마지막 큰 홀까지 이르렀다. 내가 자리에 앉았을 때 마침 한 손님이 종업원에게 허락을 구한 뒤 홀 중앙의 그랜드 피아노를 연주하려는 장면을 보게 되었다. 순간 나는 그녀가 그 악기를 연주해보고 싶은 참을 수 없는 욕망을 느끼고 음악과 함께 그 장소의 시적 감흥 속으로 빠져드는 생기 넘치는 모습을 상상했다. 그러나 그것이 얼마나 순진한 생각이었는지 곧 깨달을 수 있었다! 그녀는 그저 친구가 스마트폰으로 동영상을 찍어줄 수 있게 멋진 장면을 연출한 것일 뿐이었다. 자세와 각도를 바꿔가며 큰 소리로 지시를 하고 여러 리허설 끝에 '최종' 버전을 확정하기까지 어처구니없이 긴 시간이 걸린 이 부끄러운 줄 모르는 연주에 다른 손님들의 전화 통화와 유튜브 동영상이 더해졌다.

나는 종업원에게 그 고통스러운 소음들에 대해 뭔가 조치를 취해줄 수 없는지, 혹시 손님들에게 기기 소리를 조금만 줄여달라고 정중하게 말해줄 수는 없는지 물어보았다. 그러나 아까는 성당의 신부처럼 경건해 보였던 바로 그 사람이 이해할 수 없다는 표정으로 나를 쳐다보았다. 마치 '스마트폰'이라는 단어에는 '방해'라는 단어가 어울리지 않는 것처럼 말이다. 심지어 내가 아무것도 아닌 일에 분란을 일으키는 것 같은 태도를 보이기까지 했다. 복도를 지나는 손님이 내게 먼저 지나가라고 양보하지 않았다거나 다른 종업원이 내 잔을 오른쪽이 아니라 왼쪽에서 치워갔다고 말도 안 되는 항의를 하는 이상한 사람처럼 나를 쳐다본 것이다.

주변의 사람들은 계속해서 동영상을 시청했고 스마트폰에 대고 그날 있었던 일들을 떠들어댔다. 나는 이 모든 것이 정확히 언제 시작되었는지 궁금해졌다. 언제부터 우리는 받아들일 수 없는 것들을 당연하게 받아들이기 시작했을까? 나와 타인 간에 더 이상 경계가 없다고 결정한 순간은 언제였을까? 언제부터 우리가 전화에 대고 그렇게 할 말이 많았고, 무슨 그리 급한 일이 있어서 토스트나 커피가 나올 시간조차도 스마트폰을 하지 않고는 기다릴 수 없게 된 것일까? 나는 내 사적인 공간뿐만 아니라 공적인 공간마저도 빼앗긴 느낌이 들었다. 그 상징적 가치 때문에 이 장소가 마땅히 보장해야 할 품위와 조용함과 아름다움을 즐길 나의 권리를 침해당한 것 같은 기분이었다.

스마트폰의 횡포를 막을 수 있는 것이 없다는 게 말이 되는가? 엄격하게 통제하거나 꼼짝 못하게 복종을 시키는 것이 아니라 적어도 어느 정도 조심시킬 수 있는 것이 아무것도 없다니! 카페 벽에 걸린 무거운 액자들도, 빳빳이 풀 먹인 종업원의 연미복도, 홀 중앙에서 비웃음을 날리고 있는 목신牧神 파우누스의 거대한 붉은 대리석 조각상의 위엄도 스마트폰의 횡포를 막지는 못했다. 왜 우리는 인생에서 안식을 느껴야 할 순간을 포기하고 아무런 거리낌 없이 삶을 전시하는 것일까? 내 옆자리의 여성은 연인에게 전화를 걸어 아내와 헤어지지 않는다고 비난하고 있다. 나는 나의 의지와는 상관없이 낯선 이들의 삼각관계를 알게 되고 누군가의 편을 들도록 강요당한 셈이다(비록 그녀의 꼴사나운 태도가 본능적으로 내 저울의 바늘을 그 바람둥이 남자에게로 기울게 했지만). 어쩌다 그렇게 된 것인지는 모르겠지만 스마트폰은 어느 순간 삼가함의 미덕을 없앴고 그와 함께 수치심도 사라지게 만들었다.

기 드보르Guy Debord는 "쇼가 어디서나 벌어질 때 관객은 있을 자리가 없다"라고 말했다. 나는 결국 기진맥진한 채 물건들을 챙겨서 밖으로 나올 수밖에 없었다.

그날 오후 나는 차분하게 오전에 일어난 일을 되짚어보았다. 어쩌면 내 행동은 시대의 흐름에 타격을 받은 유선전화에 대한 향수가 터져 나온 것처럼 보일 수도 있지만, 아이폰의 끈질긴 메시지가 내게 아침이 왔음을 알려주고, 매일 평균 6시간 13분을 스마트폰에

스마트폰의 횡포를 막을 수

있는 것이 없다는 게 말이 되는가?

엄격하게 통제하거나 꼼짝 못하게

복종을 시키는 것이 아니라

적어도 어느 정도 조심시킬 수 있는 것이

아무것도 없다니!

쓴다는 사실을 생각하면 과거에 대한 그리움 때문은 아니었다. 아들은 낯선 남자가 집 앞에서 쌍둥이 여동생을 납치해가는 악몽에 시달리곤 했다. 꿈속에서는 낯선 남자가 바로 앞에서 딸아이를 어깨 위에 들쳐 메고 납치하지만 꿈속의 나는 스마트폰을 보느라 고개를 숙이고 있어 알아차리지 못했다고 한다. 아들도 소리를 지르고 딸도 소리를 질렀지만 나는 계속해서 스마트폰에서 눈을 떼지 못하고 딸은 납치를 당하고 마는 꿈이다. 아들은 나에게 매번 새로운 디테일을 더해 점점 더 생생하게 꿈 이야기를 하곤 했다.

그렇다. 나는 죄인이면서 그 죄에 대해 이야기하고 있는 것이다. 우리가 저 영롱한 스마트폰을 집어들지 않기 위해서는, 메시지와 메일에 답장하지 않고, '좋아요'를 누르지 않기 위해서는 엄청난 노력과 강철 같은 의지가 필요하다. 어느 순간에는 너무나 강박적으로 집착해서 보안 서비스의 자동 메시지에도 답장을 보내고 싶을 정도다. 1960년대 말, 스탠퍼드대학교에서는 유혹에 저항하는 능력과 관련된 실험을 진행했다. 이 실험에서 3~6세의 아동 그룹은 약 15분 동안 마시멜로에 손을 대지 않으면 훨씬 더 많은 마시멜로를 받을 것이라는 약속과 함께 마시멜로가 있는 방에 홀로 남겨진다. 대부분 몇 분 이상은 참지 못했다. 내가 그 실험에 참여했다면 아마 7초 정도밖에 참지 못했을 것이다. 어떤 모양의 마시멜로부터 먼저 먹을지 선택하는 데 걸리는 시간 정도 말이다. 실험을 진행한 지 수년이 흐른 후, 아이들이 과자 앞에서 저항한 시간과 아이들이 커서 대학 입학시험에서 얻은 점수 사이의 상관관계를 보여주는 결과가 발표되었는데, 나는 아마 대학에 들어간 아이들 중 하나는 아니었을 것이다. 요컨대 나는 전 세계가 인터넷이라는 하나의 네트워크를 중심으로 긴밀하게 연결되어 있음을 뜻하는 하이퍼커넥션에 대해 완벽하게 이해하고 있으며, 그 연결관계에 참여하고 싶다는 유혹을 거부하지 못했다는 소리다.

한 시간은 후딱 가지만 일 분은 너무 안 간다는 말을 어디선가 읽은 적이 있다. 고통도 지루함도 마찬가지다. 그리고 이 말은 아마 스마트폰에도 적용될 수 있을 것이다. 왓츠앱 메시지를 보내고 나서 상대방 쪽에 파란색 체크 읽음 표시가 뜨는 것을 본 순간부터 답신을 받는 순간까지(답신을 받는다면 말이다) 연결이 끊어진 것 같은 그 몇 분간은 끝없이 길고 영혼을 사라지게 만드는 것만 같은 무한 대기 상태인 것이다.

지금은 기억해내기도 힘들지만, 예전에는 그렇지 않았다. 인간과 스마트폰의 관계는 단어의 역사를 살펴보면 더욱 잘 알 수 있다. 아이폰이 등장하기 전인 2006년, 함께 이야기를 나누던 사람이 갑자기 전화기를 꺼내 채팅이나 인터넷 서핑을 시작할 때 우리가 느끼게 되는 짜증 섞인 당혹감을 설명하기 위해 '인내심이 바닥나다', '화내다'란 뜻의 'piss off'와 '어리둥절해하다'란 뜻의 'puzzled'를 합친 'pizzled'라는 용어가 생겨났다. 입을 벌리고 음식물을 씹는다거나 저녁식사 중에 식탁에서 책을 읽는다거나 손가락으로 코를 후비는 것과 같은, 그저 '해서는 안 되는 짓'에 포함될 만한 행동에 대해 느끼는 당혹감이나 싫음 또는 사회적 비난을 나타내는 단어였다. 대화 도중 스마트폰을 꺼내 뭔가를 입력하기 시작하는 사람을 보는 것은 음식점에서 발톱을 깎는 사람을 보는 것과 거의 동급의 불쾌감을 주는 것이었다.

그러나 가치 체계는 사회성과 마찬가지로 시대에 따라, 또 나라에 따라 변한다. 예를 들어 여러분이 네팔의 수도인 카트만두를 걷게 된다면 발을 디딜 때 조심해야 한다. 네팔에서 침을 뱉는 것은 기침을 하는 것처럼 자연스러운 행동이기 때문이다. 그처럼 오늘날 마주한 상대보다 페이스북 알림을 더 중요하게 여기는 사람 앞에 앉아 있다는 것은 더 이상 결례로 인식되지도 않는 일반적인 일이 되었다. 우리는 사랑이나 상호작용 없이 사는 데 너무나 익숙해져서 무시하고 무시당하는 것이 얼마나 굴욕적이고 내적 고통을 주는 일인지 깨닫지 못하게 되었다. 나는 인터넷 연결에 대한 기사들과 책에서, 면전에 있는 사람을 배제하거나 무시한 채 스마트폰을 보는 행동을 나타내는 새로운 표현이 출현한 것을 발견했다. '전화phone'와 '무시snubbing'를 조합한 '퍼빙phubbing'이라는 표현이 바로 그것이다. 이 신조어에는 우리보다 기기를 선호하는 사람 때문에 기분이 상할 수 있다는 전제가 더 이상 없다. 오히려 정반대다. 마치 인간의 물리적 존재가 기기와의 공생 관계를 방해한다는 느낌을 주는 것이다. 관점의 위험한 전복이다.

그 외에도 몇몇 단어들이 그렇듯, 변화된 양상에 대해 생각보다 훨씬 더 많은 것을 드러내는 작은 행동들이 있다. 예를 들어, 누군가와 대화하는 동안 스마트폰을 탁자에 올려놓는 것은 매우 적극적인 의사표현이다. 심리학자이자 심리치료사인 로셀라 돌체Rossella Dolce의 표현에 따르면, 그 행동은 "스마트폰은 매우 중요한 물건이며, 앞에 있는 사람보다 인터넷 연결에 우선순위를 부여하고 수많은 알람들을 받아들일 준비가 머릿속으로 이미 되어 있다는 신호"다. 《응용사회 심리학 저널Journal of Applied Social Psychology》에 실린 켄트대학교의 한 연구에 따르면, '퍼빙'은 사람들 사이의 관계 및 의사소통을 악화시키는 것으로 나타났다. 153명의 참가자들은 약 3분간 두 명의 지원자가 서로 상호작용하면서 이따금 스마트폰을 확인하는 광경을 지켜보았다. 주어진 과제는 이 두 명 중 한 사람과 자신을 동일시하는 것이었다. 퍼빙의 수준이 높아질수록, 즉 스마트폰을 사용하는 시간이 늘어나고 정신이 산만해질수록 실험 참가자들은 관계의 질이 더 나빠지고 점점 더 불만족스러워진다고 인식했다. 연구 결과는 심각했다. 퍼빙은 "사회적 배제의 한 형태"로, 퍼빙을 당할 때 "소속감, 자존감, 성취감 및 조절 능력 같은 인간의 기본적인 욕구를 위협"할 수 있다는 것이다.

스마트폰을 쥐고 앞에 앉은 사람을 무시하는 행동이 우리에게 상처를 준다면, 전화기 불빛이 번쩍거리고 벨소리가 울리는 스마트폰 울타리 한가운데에서 연기하고, 집중하고, 연주하는 것이 얼마나 굴욕적일 수 있는지는 말할 것도 없다. 얼마 전 나는 공연을 보기 위해 로마의 아르젠티나 극장에 갔다. 공연이 시작되기 전, 스피커에서는 스마트폰을 꺼달라는 요청이 세 번이나 울려퍼졌다. 혹시라도 안내를 듣지 못했을까 봐 마스크를 쓴 배우가 무대

위로 나와 다시 한번 상기시키기까지 했다. 이전 공연에서 맨 앞줄에 앉은 남자가 세상 자연스러운 일인 듯 계속해서 문자를 보내고 전화를 해대는 통에 공연을 잠시 중단해야 했던 일이 있었다고 설명하면서 말이다. 2019년 4월, 비엔나에서 열린 콘서트에서 밥 딜런은 '바람에 실려Blowin' in the Wind'를 부르다 말고 청중에게 "공연을 계속 할까요, 아니면 잠시 쉴까요?"라고 짜증이 난 말투로 묻기도 했다. 이러한 일화들을 다룬 뉴스가 넘쳐나는 시대다.

자명한 일을 굳이 설명해야 한다는 것은 참 이상한 일이다. 만일 다이빙보드에서 아기를 물에 던지지 말라고 부모에게 당부하는 글이 수영장 내부에 붙어 있다면 매우 놀라운 일일 것이다. 밀라노의 일부 오래된 트램에서 "침을 뱉지 마시오"(카트만두가 아닌 밀라노에서)라고 쓰인 낡은 동판을 본다거나 주유기 근처에서 "금연" 문구를 보거나 비행기에서 (마치 3만 2천 피트 상공에서 그런 과감한 짓을 할 만큼 정신 나간 사람이 있기라도 하듯이) "출입구를 열지 마시오"라고 쓰인 팻말을 볼 때면 나는 늘 마음이 불편하다. 그러나 자명하다는 개념은 결코 충분히 자명하지 않은 모양이다. 미국에서는 전자레인지 사용설명서에 고양이를 데우는 데 사용해서는 안 된다고 명시되어 있으며, 얼마 전, 〈레푸블리카Repubblica〉 웹 사이트에는 나폴리의 카르다렐리 병원에서 CT 촬영 중에 스마트폰 전화를 받은 한 여성의 사진이 실렸다. 주치의는 "어처구니없지만 사실이었습니다"라고 말했다. "그 사람이 전화 통화를 하고 있었습니다."

우리에게 도대체 무슨 일이 일어나고 있는 걸까? 떼어내도 아무 상관 없는 맹장 같은 존재인 디지털 기기 없이, 다음날 친구들에게 말할 만한 그리고 포스팅할 만한 일도 없이 저녁을 보내는 것이 이상한 일이 되고 있는 이유는 무엇일까? 토리노에 있는 히로시마 몬 아무르 클럽은 스마트폰 없는 콘서트를 기획했다. 입구에서 물품보관 담당자에게 부피가 있는 가방이나 외투를 맡기듯이 스마트폰을 봉지에 넣어 맡기고 입장하게 하는 것이었다. 주최 측은 3개월 전에 홍보를 시작했다. 솔직히 나는 어떤 클럽에 들어갔는데 "이곳은 와이파이가 안 됩니다. 서로 이야기를 나누세요"라는 문구를 읽게 된다면 그곳에서 나올 것이다. 별 간섭을 다 받는다는 기분이 들기 때문이다. 게다가 서로에게 할 말을 찾는 것이 쉬운 일도 아닌데 말이다.

나는 스쿠터를 탄다. 스쿠터를 탈 때면 내 스마트폰은 헬멧 속, 바로 귀 옆에 끼어 있다. 헬멧이 딱 맞아서 스마트폰을 끼워 넣을 때마다 외과 수술 작업을 하는 것 같다. 목도리를 두르는 겨울에는 스마트폰을 끼워 넣을 틈새를 찾기란 거의 불가능하다. 물론 그러면 안 된다는 것을 나도 안다. 운전에 방해가 되기도 하고, 경찰이 나를 발견하기라도 하면 불러 세워 벌금을 부과할 것이다. 그런데도 나는 전화로 누군가와 이야기를 하거나 무언가를 듣는 일 없이는 100미터조차 갈 수 없게 되었다. 게다가 신호등에 서면 자동적으로 스마트폰을 꺼내 들고 조작하기 시작한다. 녹색 불로 바뀌기까지의 그 잠깐 동안 말이다. 나는 심지어 그 시간 동안 페이스북

피드를 몇 개나 확인할 수 있는지도 계산했다. 조만간 나는 맨홀에 빠지든지, 아니면 전봇대를 들이받을 가능성이 높을 것이다. 그러나 주위를 둘러보면 나만 그러고 있는 것은 아니다. 사람들은 늘 차 안에서 전화 통화를 하고 문자 메시지를 보내고 소셜 미디어에서 무엇인가를 확인한다. 주차 문제로 싸우는 와중에도 스마트폰 화면에서 눈을 떼지 않는다. 나는 최면에 걸린 듯한 나의 도로 위 길벗들의 흐뭇해하는 얼굴을 바라본다. 나는 이것에 조금씩 익숙해지고 있고, 이제는 그들의 표정만 보아도 누가 사랑하는 이에게 글을 쓰고 있는지, 누가 게임을 하고 있는지, 누가 뮤직 비디오를 보고 있는지, 누가 성인물 사이트를 보고 있는지 알 수 있게 되었다. 나는 집으로 올라가는 엘리베이터에서도 온라인 검색을 한다(물론 내 스마트폰으로 말이다).

'에릭슨 모빌리티 보고서Ericsson Mobility Report'에 발표된 자료 중 하이퍼커넥션 현상을 수치로 나타낸 자료가 있다. 오늘날 지구상의 이동 전화 가입자 수는 79억 명(2019년 자료)이다. 전 세계 인구는 76억 명이니 사람보다 사용 중인 심SIM 카드가 더 많은 셈이다. 매년 아이들보다 더 많은 심 카드가 탄생한다는 주장은 내게 적지 않은 우려를 불러일으킨다. 인구 통계학자들이 매일 같이 상기시켜주듯이 내가 살고 있는 이탈리아를 비롯한 많은 나라들의 인구는 줄어들고 있고 어떤 면에서는 태평스레 멸종을 향해 가고 있다. 반면 우리의 145퍼센트는 이동통신 회사에 가입되어 있다. 이탈리아의 인구는 6천만 명 그리고 이동 전화 가입자는 8천 5백만 명. 우리는 후손이 아니라 심 카드를 남길지도 모르겠다.

그리고 당연하게도 심 카드를 넣을 기기 없이는 아무것도 할 수 없으므로 이탈리아인 대부분은(10명 중 8명) 휴대전화를 가지고 있으며, 그중 대다수(87퍼센트)는 '스마트폰'을 사용한다. 자랑할 만한 것인지는 모르겠지만 이탈리아는 한국(삼성의 본국)과 홍콩에 이어 인구 대비 모바일 기기 수가 세계에서 세 번째로 많은 나라다. 기술을 자신의 존재 이유로 삼은 두 나라와 우리가 어떻게 함께 순위에 올랐는지는 알 수 없지만, 전 세계 인구의 3분의 2인 53억 명의 사람들이 스마트폰을 가지고 있다는 점을 감안할 때 우리는 다수에 속하긴 한다. 지금 이 순간, 지구상에 집에 화장실이 있는 사람보다 주머니에 스마트폰을 가지고 있는 사람이 더 많다는 것을 생각해보면 놀랍기 그지없다. 유엔 자료에 따르면 전 세계 인구 중 3분의 1에 해당하는 약 24억 명의 사람들만 화장실을 소유하고 있으며, 약 10억 명의 사람들은 야외에서 용변을 해결한다. 매년 5세 미만의 어린이 50만 명과 성인 100만 명 이상이 나쁜 수질과 화장실 부재로 인한 열악한 위생 때문에 이질에 걸려 사망하지만 스마트폰 수는 계속 증가하고 있다. 물론 스마트폰이 화장실보다 더 중요하기 때문에 더 많은 것은 아니다. 스마트폰은 인간의 욕구를 창출해내는 특가 상품이며, 거대 기술 기업들은 그런 것을 만들어내고 판매하는 데 선수이기 때문이다. 인도에서는 이미 가격이 1,500루피, 즉 19유로 정도밖에 하지 않는 저가형 스마트폰이 나왔으며, 회사가 보조금을 지급하여 가격을 94퍼센트인하한 후 소비가 10배 증가했다고 한다(이코노미스트 자료).

나는 인터넷을 그만 하고, 마치 따뜻하게 감싸줘야 하는, 나무에서 떨어진 참새를 다루듯이 두 손을 모아 아이폰을 쥐었다. 나는 스마트폰이 우리 삶에 가져온(적어도 내 삶에는 가져온) 향상을 거부하지도 않고 부정하지도 않는다. 스티브 잡스는 2007년 1월, 샌프란시스코 맥월드 기조연설에서 4천 명의 사람들 앞에서 완벽하게 이를 예측했다. "이따금 혁명적인 제품이 나타나 모든 것을 변화시킵니다." 그는 2000년대의 가장 혁명적인 물건인 아이폰을 손에 들고 이렇게 말했었다. 내 생각에 당시에는 그것을 정확히 예측한 사람은 오직 잡스 자신뿐이었지만 말이다. 애플의 엔지니어들조차도 아이폰이 앞으로 어떻게 될지 전혀 예측하지 못했다. 당시 최초의 아이폰 출시와 관련된 가장 큰 논쟁 중에는 아이팟을 스마트폰에 통합하는 문제(잡스는 "이것은 우리가 만든 최고의 아이팟입니다"라고 말했다)와 음성 통화 기능의 향상 문제, 연락처를 간편하게 찾을 수 있게 하는, 요컨대 버튼을 누르지 않고도 전화번호가 화면에 바로 뜨게 하는 문제(잡스는 "'킬러 애플리케이션'은 바로 음성 통화입니다"라고 말했다) 등이 있었다. 이 연설에서 스티브 잡스가 시작한 지 30분이나 지난 후에야 '개선된 문자 메시지'와 '모바일 인터넷 연결'에 대해 이야기했다는 사실을 상기해보면 놀랍다.

오늘날에는 다양한 색상과 크기, 안드로이드 운영 체제를 사용하는 스마트폰을 볼 수 있다. 그러나 맨 처음에는 애플뿐이었다. 나는 그 반짝이는 물체의 메시아적 능력을 즉시 이해한 수백만 명의 사람들 중 하나는 아니었다. 스티브 잡스가 무대에서 신제품을 어루만지면서 말했던 것처럼, 거대한 고무 키보드와 복잡한 운영체제를 갖춘 아이폰 이전의 휴대전화들과는 전혀 다른 무언가라는 사실을 내가 깨닫는 데는 수년이 걸렸다. 돌이켜 보면, 모든 것이 거기 있었다. 터치스크린의 주름 하나 없고 손가락에 걸리는 것 하나 없이 매끈하고 윤기 나는 그 표면에, 동시대성을 나타내는 그 은유에 말이다.

나는 아이폰이 작동하는 것을 처음으로 보았던 때를 선명하게 기억한다. 아이폰이 출시된 지 거의 3년이 지난 어느 여름날 저녁, 우리 집 테라스에서였다. 저녁 식사에는 여섯 명이 모였는데 한 친구의 아내가 아이폰을 갖고 있었고, 그녀는 우리보다 훨씬 젊었다. 어쩌다가 그 이야기가 나왔는지는 모르겠지만 토론은 세대 간 충돌을 담은 인식론적 회의주의까지 나아갔다. 컴퓨터로 보기에는 너무 작고 휴대전화로 보기에는 너무 큰, 도대체 그 의미를 알 수 없는 이 기기를 이해하기 위해 드는 과도한 노력과 터무니없는 기기 값에 대해 5대 1로 토론이 붙은 것이었다. 어떤 친구는 응석받이들이나 과시하기 좋아하는 사람들을 위한 쓸데없는 장신구라고 일갈했다.

아이폰을 소유한 우리보다 젊은 나이의 그녀는 내내 꾹 참고 있다가 식사가 끝날 무렵, 아무 말도 하지 않고 스마트폰을 가방에서 꺼내 뭔가를 입력하기 시작했다. 모든 작업이 얼마나 쉬운지, 이런 도구가 모든 질문에 어떻게 답변을 내놓는지 아날로그 꼰대들에게 보여주기 위한 즉석 수업이었다. "자, 뭘 알고 싶어요?" 우리가 아이폰을 통해 구글에서 처음으로 검색한 것은 리피토Lipitor 같은 콜레스테롤을 조절하는 몇몇 약에 대한 뉴스였다(돌아보면 좀 슬프다. 하지만 당시에는 우리에게 중성지방 문제보다 더 흥미진진한 관심사가 생길 것이라고는 예견하지 못했던 것 같다). 나는 스마트폰에서 그 모든 정보들을 단 몇 초 만에 찾아낼 수 있는 가능성, 우리의 선입견과 고집을 무장해제시키는 직관적 단순성 앞에서 느꼈던 황망함을 기억한다. 저녁 식사 후의 시간은 완전히 뒤바뀌었다. 우리 다섯 명은 식탁 중앙에 스마트폰을 놓아두고 머리를 다닥다닥 붙인 채 그 신령스러운 물체를 뚫어지게 바라보고 있었던 것이다. 어린 시절, 병 돌리기 게임을 하는 동안 병의 목이 돌아가는 것을 홀린 듯 바라보던 것처럼 우리는 스마트폰의 마력에 사로잡혀 있었다. 마치 매혹적이고 저항할 수 없는 신비의 돌기둥인 모노리스Monolith 앞에 선 스탠리 큐브릭 감독의 유명한 원숭이들처럼 말이다. 그날 저녁 이후 오늘날 내가 매일 아이폰에 쓰는 여섯 시간 남짓한 연결의 시간까지는 눈 깜짝할 사이에 도달했다.

이제 우리는 어떻게 그렇게 오랫동안 스마트폰 없이 살 수 있었을까라고 자문해본다. 이 물음은 그냥 하는 소리가 아니라 진심에서 나오는 말이다. 마찬가지로 나는 2009년에 인스턴트 메신저 애플리케이션인 왓츠앱이 만들어지기 전에는 어떻게 서로 의사소통을 했을까라고도 자문해본다. 현재 왓츠앱의 한 달 사용자 수는 15억 명 이상이며 전 세계적으로 하루에 650억 개의 메시지(나도 상당한 기여를 했다)를 처리한다. 운명의 아이러니는 페이스북에 입사하고 싶었으나 문전박대당했던 두 사람이 만든 왓츠앱을 인수한 회사가 바로 페이스북이었다는 사실이다. 2014년 페이스북은 왓츠앱을 인수하기 위해 190억 유로라는 어마어마한 금액을 지불했다.

우리는 더 이상 벗어나는 것을 상상조차 할 수 없는, 돌이킬 수 없는 시스템 속에 들어와 있다. 오늘날 평균적인 사용자가 아이폰을 잠금 해제하고 사용하는 횟수가 하루에 약 80회, 1년에 거의 3만 회(지금은 이미 그 이상일 것이다)에 이른다는 애플의 데이터나 하루에 스마트폰을 만지는 횟수만 해도 2,617회에 이른다는 또 다른 연구의 결과는 더 이상 놀랍지 않다. 웹 전문가 니르 이얄Nir Eyal은 《훅Hooked: How to Build Habit-Forming Products》에서 스마트폰 소유자의 79퍼센트가 매일 아침, 잠에서 깬 후 15분 이내에 기기를 확인한다는 자료를 내놓았는데, 내가 보기에 이는 사실과 다른 것 같다. 실제로는 그보다 더 짧은 시간이 걸리기 때문이다. 내 경우에는 잠이 완전히 깨기도 전에 숨 쉬는 것처럼 자동적으로 침대 옆 협탁에 놓아둔 스마트폰을 집어들 뿐만 아니라 어둠 속에서도 문자를 찍고, 눈을 제대로 뜨지 않고도 페이스북 앱을 열 수 있다. 게다가 전화나 메시지가 온 것이 없는데도 스마트폰이 주머니 속에서 진동하는 것 같은 느낌이 들기도 한다. 이것은 환각의 한 형태로 10명 중 9명에게 일어나며 심지어 '팬텀진동증후군'이라는 학술명까지 가지고 있다. 팔다리를 잃은 사람이 뇌의 잘못된 재조정으로 인해 여전히 팔다리가 있다고 느끼는 현상, 마치 더 이상 존재하지 않는 사지의 말단 신경으로부터 계속해서 자극과 신호를 받는 것처럼 느끼는 현상인 '환각지phantom limb'에서 이름을 따왔다는 것을 생각해보면 놀랍다. 이것은 스마트폰이 어느 정도로 우리의 일부가 되어버렸는지를 보여준다. 조지아공과대학교 부교수인 로버트 로젠버거Robert Rosenberger는 그 이유에 대해 다음과 같이 말했다. "스마트폰 진동처럼 작고 빈번한 세포의 경련인 진동들은 감지되고 서로 교류합니다. 이를 설명하는 데는 두 가지 이론이 있습니다. 하나는 기술이 우리의 두뇌를 변화시키고 있다는 주장이고, 다른 하나는 단순히 우리가 불안하기 때문이라는 것입니다. 이메일과 메시지에 답장해야 한다는 의무감이 우리를 초조하고 과민한 상태로 만든다는 것이죠."

로젠버거는 진동을 덜 느끼기 위해서는 스마트폰을 다른 주머니에 넣거나 멀리 떼어놓는 것만으로도 충분할 것이라고 제안한다. 물론 이것은 쉬운 일이 아니다. 나는 스마트폰을 멀리 떼어놓기는커녕 고작 30분을 수영하려고 바닷물에 들어갈 때에도 스마트폰을 잃어버릴까 봐 전전긍긍하며 힘들어한다. 나는 가끔 스마트폰 분실을 막기 위해 내가 무엇을 포기할 수 있을지 생각해본다. 한 연구에 따르면, 설문조사에 참여한 미국인들 중 응답자의 3분의 1이 디지털 모바일 기기를 잃어버릴 바에는 차라리 더 이상 성관계를 하지 않겠다고 답했다. 좀 더 현실적인 프랑스 사람들은 스마트폰이 어디 있는지 찾지 못할 바에는 차라리 온갖 물건이 담긴 여행 가방을 포기할 준비가 되어 있다고 답했다. 나는 아직 나 자신과 협상 중이다. 그런 교환은 어쨌든 엄청나게 큰 빅딜이니 말이다. 물론 우리 삶에 들어온 지 채 15년도 안 된 이 조그만 스마트폰 입장에서는 손해 볼 것이 없는 장사겠지만.

모바일 기기가 우리에게 단순한 디지털 장치를 넘어 많은 문제를 해결해주고 삶을 더 편안하게 해줄 수 있는 무엇인가가 되었다는 점은 분명한 사실이다. 그러나 그 무언가가 무엇인지 생각해보면 흥미롭다. 예를 들어, 신경과학자인 매리언 울프Maryanne Wolf에 따르면 스마트폰 화면은 우리의 불안감과 지루함을 달래주는 일종의 쪽쪽이(아기들이 무는 공갈 젖꼭지 - 역자주) 혹은 플라시보 효과를 주는 가짜 약과 같은 것이다. 파리 브루스 병원의 중독 전문 정신과 의사 로랑 카릴라Laurent Karila에 의하면 스마트폰은 일종의 두두doudou, 잘 때 끌어안고 자는 애착인형 같은 존재다. 그에게 "아이들에게 두두는 뭘까요?"라고 묻자 그는 "테디 베어나 부들부들한 인형, 만지고 쓰다듬을 수 있는 담요 같은 것이죠. 아이들을 달래고 진정시키며 좀 더 평온하게 잠들게 하는 무엇입니다. 우리에게 스마트폰은 이와 똑같은 것입니다. 나이에 상관없이 말이죠. 실제로 성인이 밤에 잠에서 깨면 가장 먼저 하는 일이 뭔가요? 스마트폰을 손에 쥐고 들여다보고 뭔가를 입력하고, 그러고 나서 다시 잠을 청하잖아요." 나도 늘 그렇게 한다. 대략 새벽 3시경에 말이다. 그리고 이탈리아인의 37퍼센트가 그렇게 한다.

스마트폰 화면은

우리의 불안감과 지루함을 달래주는

일종의 쪽쪽이 혹은 플라시보 효과를 주는

가짜 약과 같은 것이다.

땅거미가 지기 시작하자 딸의 예전 애착 장난감인 강아지 모양의 비누받침 부부Bubu가 떠오른다. 현재는 부부 대신 거위라고 착각하기 쉬울 정도로 낡고 오래된 강아지 인형 부비가 있다. 부비가 우리집에서 중요한 역할을 담당한 지 여러 해가 지났지만 나는 아직도 부부를 잃어버린 날을 잊을 수 없다. 딸이 두 살 무렵 산책을 하다가 부부가 유모차에서 떨어져서 잃어버렸고, 딸은 가슴이 찢어지는 고통에 사로잡힌 듯 울어댔다. 그 어떤 비누받침이나 그 어떤 모양의 인형도 아이에게 위로가 되어주지 못했다. 아이가 너무 슬퍼해서 나는 심지어 신문사에 전화를 걸어 사라져버린 강아지 모양의 비누받침 사진을 전면 광고로 내는 데 비용이 얼마나 드는지 문의하기까지 했다(당시는 SNS 이전의 시대여서 그랬지만 지금 같으면 페이스북에 글을 올려 금방 찾아낼 수 있었을지도 모르겠다). 부비(부부에 대한 존중의 의미로 모음 하나를 바꾼 이름이다)가 부부의 대용품으로 받아들여지기 전, 우리 집으로는 노아의 방주가 통째로 들어온 것처럼 온갖 장난감 동물들이 들어왔다.

"누구에게든 물어보세요. 스마트폰 신호가 안 잡힌다거나 인터넷이 안 되는 곳에 가 있을 때, 또는 배터리가 나갔을 때 어떤 기분인지." 카릴라는 설명했다. "아마도 매우 불안해할 것입니다. 애착인형을 잃어버렸을 때나 엄마를 더 이상 보지 못할 때 아이가 보이는 불안장애 같은 것입니다. 다만 우리에게는 그것이 스마트폰일 뿐이죠. 저는 이것을 '노모포비아'라고 부릅니다. '노 모바일no mobile'과 '공포phobia'로 인한 위기, 즉 스마트폰이 없는 상태에 대한 두려움을 의미합니다." 이런 종류의 퇴행진화는 무척 흥미롭다. 주머니 속에는 닐 암스트롱과 버즈 올드린을 달로 데려간 컴퓨터보다 처리 능력이 10만 배는 더 뛰어난 (그리고 속도는 1억 2천만 배 더 빠른) 디지털 기기가 있지만, 꼭 세상에 내던져진 어린아이 같이 불안하고 연약한 상태로 지내고 있다. 버림받을까 봐 겁에 질려 있는, 언제나 디지털 담요를 몸에 꼭 지니고 있어야 하는 어린아이 같은 상태로 말이다. 스마트폰은 그야말로 생존의 문제가 된 것이다. 이탈리아에서는 인터넷 신규 사용자가 2018년에만 1,100만 명이 생겼다. 마치 롬바르디아 주와 움브리아 주의 전체 인구가 갑자기 네트워크에 접속하기로 결정이라도 한 것처럼 말이다. 이제는 이탈리아 전체 인구의 92퍼센트인 5,500만 명이 온라인 상태에 있으니, 기본적으로 모두가 인터넷에 연결되어 있는 셈이다.

하늘은 구름 한 점 없이 청명하고 바람 한 줄기 없고 기온은 높은 어느 날, 나는 구글의 가장 뛰어난 전략가였던 제임스 윌슨 윌리엄스James Wilson Williams를 만나기 위해 영국 옥스퍼드에 와 있었다. 날씨에 맞는 옷차림을 하지 못했던 탓에 내가 그를 맞이하려고 벤치에서 일어났을 때는 이미 옷이 땀으로 흠뻑 젖어 있었다. 금세기 가장 더운 여름, 뙤약볕 아래의 벤치는 네트워크의 설득 메커니즘에 대해 논의하기에는 지구상에서 가장 부적절한 장소였다. 나는 내 인터뷰 중 가장 중요한 것이 될 윌리엄스와의 인터뷰를 위해 옥스포드 시내를 두 시간 동안 돌아다니며 최적의 장소를 물색했으나 적절한 장소를 찾지 못했고, 결국 담쟁이 덩굴이 무성한 벤치에서 대화를 나눌 수밖에 없었다. 그러나 실리콘 밸리를 권력의 중심으로 부상시킨 두뇌들 중 한 사람과 이야기할 수 있는 기회는 이미 그 자체로 이번 여행을 가치 있게 만드는 것이었다.

37세의 윌리엄스는 인류를 디지털 중독으로 이끌고 법률로 성문화하는 데 수년 동안 기여한 후, 그 세계에 계속 남아 있기보다는 그 세계의 해악을 고발하는 것이 더 윤리적이라고 결정한 과학기술의 참회자 대열에 속해 있다. 나는 감전된 것처럼 번쩍하고 깨달음을 얻어서 회개하듯 하루아침에 딴사람이 된다는 말을 믿지 않는다. 그보다는 자신의 비범한 두뇌를 사용해 만들어낸 모든 것들의 목적이 다른 사람들의 정신을 노예화하는 것이라는 점을 깨달았을 때 느끼게 되는 괴로움과 더 관련이 있다고 생각한다. 일종의 메스꺼움 같은 것이다. 어느 순간, 가슴을 짓누르기 시작하고 스스로 부끄러운 일을 하고 있다는 것을 알았을 때 더 이상 편히 숨 쉴 수 없게 되는 기분을 느끼는 것이다. 아무리 많은 돈을 벌 수 있는 일이라 해도 말이다.

윌리엄스의 경우, 깨달음의 순간은 아주 분명하게 일어났다. 어느 날, 구글의 회의실에 들어섰을 때 그는 사이트의 성공을 가리키는 숫자들이 칠판에 적혀 있는 것을 보았다. 그것은 사이트를 방문한 방문자 수와 그들이 사이트에서 보낸 시간 및 클릭 수였다. "저는 그 수치들을 읽었습니다. 클릭 수 100만 회. 다시 말해, 우리가 아니었다면 사람들이 결코 하지 않았을 무언가를 하도록, 우리가 글자 그대로 설득해낸 사람들이 이 세상에 100만 명이 있다는 뜻이었죠. 바로 그때 저는 깨달았습니다. 수십억 명은 아니더라도 수백만 명에 달하는 사람들의 습관을 만들어내는 새로운 권력이 부상하고 있다는 사실을 말입니다. 인류 역사상 일어나지 않은 일이 일어나고 있었고, 저는 그것을 굴러가게 하는 권력의 톱니바퀴였던 것입니다."

기술의 참회자(또는 미국에서 더 유행하는 용어를 쓰자면 휘슬 블로어whistleblower) 또는 내부 고발자들의 이러한 갑작스러운 깨달음은 약간은 순진해 보이는 측면이 있다. 우리에게는 각자 감당할 수 있는 불행이나 죄책감의 총량이 있다. 그리고 그 한계치에 도달하게 되면 마치 영혼이 어떤 신호만 기다리고 있었던 것처럼 운명을 크게 바꾸는 것이다. 때로는 아주 작은 자극만으로도 그동안 압축되었던 에너지가 힘을 얻어 나락으로 굴러 떨어져 박살이 나거나 운이 좋으면 탈출구를 찾아나서게 된다. 윌리엄스는 구글에서 10년을 일하고 퇴사를 결정했고, 그의 영혼은 옥스퍼드대학교의 기술 윤리 강의실에서 구원을 받았다. 그는 미국에서 이곳으로 이주하여 현재 연구원으로 일하며 책을 집필하고 있다.

윌리엄스의 설명에 따르면, 디지털 대기업들의 유일한 목표는 사용자를 가능한 한 오래 접속 상태에 있게 하는 것이다. 그래야 돈을 벌기 때문이다. 그는 업계에 있지 않은 사람에게는 설명하기가 굉장히 복잡한 부서인 글로벌 서치 애드버타이징Global Search Advertising에서 구글의 광고를 개인 맞춤화하는 가장 효과적인 방법을 고안하는 일을 했다. 우리가 사이트에 오래 머무를수록 주주의 이익은 더 극대화된다. 이는 모든 디지털 기술 기업에 적용된다. 구글, 페이스북, 인스타그램 같은 모든 디지털 플랫폼은 우리의 관심을 광고주에게 팔아 돈을 벌고, 광고주 쪽에서는 우리에게 제품을 팔려고 노력하는데 플랫폼에 항시 접속해 있는 우리는 그것을 소비할 가능성이 높다. 우리에게 필요한 것이 바로 그것이라고 끊임없이 알려주기 때문이다. 그야말로 지속성의 문제를 해결할 필요도 없는, 끊임없이 이익을 창출해내는 완벽하고 무시무시한 기계가 우리 손에 있는 것이다.

"인터넷에서 일어나는 모든 일은 설계된 것입니다. 예를 들어 유튜브에서 동영상이 하나 끝나면 다른 동영상이 무작위로 자동 재생된다고들 생각하는데, 사실은 그렇지 않아요. 화면 반대편에는 여러분이 보고 싶어 하는 것을 정확하게 알고 있는 세계 최고의 프로그래머들로 구성된 수십만 개의 팀이 있지요." 윌리엄스는 나에게 2017년, 역사가 굉장히 오래 되고 복잡하기 그지없는 보드 게임인 바둑의 세계 챔피언을 컴퓨터가 이긴 사실을 상기해 보라고 했다. 인터넷에는 지금도 대한민국의 기사 이세돌을 상대로 소프트웨어 알파고가 4대 1로 승리한 영상이 돌아다닌다. 구글 딥 마인드의 엔지니어들이 프로그래밍한, 초당 수십억 개의 작업을 수행할 수 있는 인공 지능이 단지 인간만이 가지는 속성이라고 생각했던 지적 체계의 수학 문제를 해결하기도 했다. 그보다 20년 전에 IBM의 딥 블루 컴퓨터가 당시 체스 챔피언이었던 개리 카스파로프를 상대로 거둔 승리는 마치 마이크로칩의 데이터를 확보하기 위한 과제에 지나지 않는 것처럼 보였다. "마치 벽이 나를 향해 오는 것 같았어요." 당시 카스파로프는 딥 블루를 만난 경험을 이렇게 말했다. 자, 이제 우리도 그 벽을 상상해보자. 그리고 그 벽을 수십억 배 늘려보자. 물론 구글의 목표는 세계 최고의 바둑 기사에게 굴욕감을 주는 것이 아니었다. 바둑 대결은 그저 알고리즘의 심층 신경망을 강화하고 테스트하기 위한 하나의 방식일 뿐이었다.

윌리엄스는 내게 "그 소프트웨어는 나중에 유튜브에서 제공하는 '추천 비디오' 기능의 개선을 포함한 다른 프로젝트들에 사용되었습니다"라고 말했다. 세계에서 가장 똑똑하고 강력한 알고리즘이 화면 저 너머에서 내게 플랫폼에서 더 많은 시간을 보내라고 설득하고 있는 것이다. 플랫폼에서 나와 전원을 끄고자 하는 나의 의지와 온라인에 나를 계속 남아 있게 하려는 알고리즘의 대결은 이미 시작부터 진 게임이라고 할 수 있다.

"온라인 시스템 전체가 그 같은 목표로 설계되었기 때문에 소용돌이에 빠져들기 쉽습니다." 페이스북 알림의 색깔도 우리의 관심을 더 많이 끌기 위해 고안된 것이고, 주소록에 있는 사람들이 무엇을 하고 있는지 알려주는 것도 호기심을 자극해 온라인에 더 오래 머물게 하기 위해서다. 평범한 글보다는 자극적이고 악의적인 게시물이 더 인기 있다("분노는 다이어트 식단에 올라온 감자튀김 한 접시와 같은 것입니다." 윌리엄스가 내린 최고의 한줄 평이다). 트위터의

'좋아요' 버튼을 별 대신 빨간 색 하트로 교체한 것도 고심하여 설계된 것으로, 클릭 수를 28퍼센트 올려주었다고 한다. 상징의 힘은 위대하며, 우리의 마음은 마음대로 되지 않는다.

집으로 돌아가는 길, 머리는 여전히 혼란스럽고 마음은 어쩐지 조금 괴롭기까지 했다. 윌리엄스가 한 말을 다시 생각해보았다. 소셜미디어에는 우연이 없다. 우연은 예상치 못한 일들과 놀라움으로 이루어진 인간들의 삶에서나 일어나는 것이다. 인터넷에서는 그 무엇도 목적 없이 일어나지 않으며, 그 모든 것은 설계되고 연구된 것이다. 우리의 '참여engagement'를 높이기 위해서 말이다. 이 단어는 내가 만난 모든 프로그래머, 내부자, 디지털 참회자들이 몇 달 동안 반복했던 페티시적 단어였다. 이 말의 의미 변화는 매우 흥미롭다. 실리콘 밸리의 관리자들이 클릭 수, '좋아요'를 누른 횟수, 공유 횟수들이 기업의 주가 지수를 평가하는 기준이 되기 전에 '인게이지먼트engagement'는 징집, 모병을 가리키는 군사 용어였다. 그리고 이 말은 또한 약혼, 즉 어떤 사람과 맺는 굳은 약속을 뜻하기도 한다. 그래서 단순한 '참여'보다 더 전투적이고 동시에 더 낭만적인 단어이기도 하다.

2018년, 전 세계적으로 2억 8천만 명의 신규 사용자가 온라인에 계정을 개설했다. 페이스북에는 1분마다 246만 개의 새로운 콘텐츠가 개시되었고, 역시 1분마다 21만 6천 장의 사진이 '인스타그램화'되었으며 유튜브에는 400시간 분량의 동영상이 업로드 소셜 미디어에는 우연이 없다.

인터넷에서는 그 무엇도

목적 없이 일어나지 않으며,

그 모든 것은 설계되고 연구된 것이다.

되었다. 내가 분당 수치를 선택한 이유는 댓글, 사진, 동영상 수를 월별 또는 연간으로 확장해서 계산하면 인간의 유한한 감각과 양립할 수 없을 정도로 엄청난 규모가 되기 때문이다. 오늘날 페이스북, 인스타그램, 트위터, 유튜브의 충성도 높은 고객 수가, 가장 큰 두 종교인 그리스도교와 이슬람교의 신자 수를 합한 35억 명을 능가한다는 사실은 너무나 충격적이다.

"마크 저커버그는 정말 대단합니다." 우리의 인터뷰에서 윌리엄스는 이마에 땀방울이 송골송골 맺힌 채 말했다. "그는 컴퓨터와 인터넷을 통해 수십억 명의 생각과 행동을 바꾸었습니다. 그것은 정부나 종교를 초월한다고 할 수 있습니다." 윌리엄스는 이 마지막 문장을 매우 덤덤하고 진지하며 냉정한 말투로 내뱉었다. 인생에서 많은 것을 잊어버리는 경향이 있는 나지만 저커버그와 소셜 미디어에 대한 윌리엄스의 마지막 문장은 머릿속에 각인되어 잊혀지지 않았다. 실리콘 밸리의 또 다른 참회자 가르시아 마르티네즈García Martínez는 다음과 같이 말했다. "저커버그가 전 세계를 연결하고 싶고 그렇게 함으로써 인류에 커다란 봉사를 할 것이라고 말할 때는 진짜 그렇게 하겠다는 것입니다." 가르시아 마르티네즈는 골드만삭스의 애널리스트였으며, 트위터가 인수한 광고 플랫폼의 공동창업자였고, 페이스북의 임원이었다. "그 말 뒤에는 마케팅만 있는 것이 아닙니다. 미국인들에게는 특별히 종교와 관련이 있지 않아도 누구나 DNA 속에 일종의 신념과 같은 복음주의가 있습니다. 미국인들은 아직도 자신의 삶을 바칠 무엇인가를 믿고 있습니다. 반면에 유럽인들은 보다 실용적입니다. 그들은 구글이나 페이스북의 움직임을 미심쩍게 바라봅니다. 경제적 이익이나 어떤 흑막이 있을 거라고 생각하면서 말입니다. 그러나 상황은 그렇게 단순하지 않습니다. 그 뒤에는 마치 새로운 형태의 종교와도 같은 것이 있습니다. 바로 그렇기 때문에 훨씬 더 위험한 거죠."

한숨이 나온다. 우리에게 남아 있는 초월의 영역은 거의 없고 그나마 인터넷이 어쩌면 그 중 하나일 테지만, 나는 웹의 거인들이 신이 되려는 야망이 아니라 차라리 돈에 대한 탐욕과 권력에 대한 갈증으로 내 마음을 조종하는 것이라면 마음이 더 편할 것 같다.

2

8초의 집중력

우리는 남들이 나를 바라봐주길 바라고 그렇게 되기 위해서 뭐든지 하지만 정작 우리를 둘러싸고 있는 것을 바라보지는 않는다.

이탈리아의 조각가인 카노바Canova의 전시 이벤트가 얼마 전 로마에 열렸다. 우리 집 아래 길가에 광고 포스터 배포 담당자가 전부 이곳에 갖다 붙이고 치우기로 작정한 것처럼 포스터가 도배되어 있어서 모를래야 모를 수가 없었다. 사실 나에게 이 시기는 로봇처럼 출퇴근하는 것 외에는 절대 외출을 하지 않는 시기다. 며칠째 나는 소라게처럼 집에 콕 박혀 있으면서 소파와 부엌만을 겨우 오가며 창문 가리개를 닫고 책에 파묻혀 지내고 있었다. 일부러

내 출근길을 따라 배치된 것 같은 그 광고판들은 마치 약 복용을 거부하는 중병 환자처럼 아름다움을 외면하는 나의 배은망덕함과 나태함을 일깨우는, 이 도시가 내미는 구원의 손길 같았다.

나는 결국 몸을 질질 끌고 나보나 광장 뒤에 있는 팔라초 브라스키의 바로크식 계단을 올라 전시회에 가보기로 했다. 다행히 사람이 많지 않아 며칠 동안의 고독에서 빠져나와 적응할 새도 없이 갑자기 수많은 사람들 사이에 뛰어들지 않아도 되었다. 나를 포함한 사람들은 작품을 꼼꼼히 감상하지도 않고 정신없이 작품들 앞을 미끄러지듯 지나갔다. 각각의 공간은 일종의 제단처럼 설계되었고 작품들은 빛을 받아 어둠에서 나오는 것처럼 연출되어 있었다. 작품을 비추는 조명들은 카노바가 로마의 아틀리에에서 촛불을 밝혀 들고 방문객들을 안내하기를 좋아했다는 이야기를 재현한 것 같았다. 심지어 몇몇 동상은 모든 각도에서 볼 수 있도록 받침대 위에서 회전하고 있었다. 관람 경로의 끝에 도달하면 음악소리가 드높아진다. 작곡가가 누구인지 모르겠다. 검색을 하려해도 이 위치에서는 스마트폰 신호도 잡히지 않고, 수리수리 마수리 주문을 외워 봐도 소용없었다.

모든 것이 아주 우아하고 깔끔했으며, 관람객을 매료시키는 경이로움을 보여주었다. 그러나 전시회를 다 보고 나서 내게 가장 깊은 인상을 남긴 것은 작품이나 전시회의 구성 같은 것이 아니었다. 나는 중앙 홀에 들어서면서 〈참회하는 막달레나〉 앞에 서 있는 커플을 발견했다. 그들은 꼭 대사관 리셉션에서 나온 사람들 같았다(어쩌면 정말 그랬는지도 모른다). 둘 다 상당히 매력적인 외모의 소유자들이었다. 여자는 키가 크고 긴 금발 머리에 몸에 딱 붙는 옷을 입고 있었고, 남자 역시 키가 컸으며 반짝거리는 커프스 단추가 달린 멋진 수트를 입고 있었다. 그러나 나를 놀라게 한 것은 그들의 외모나 차림새가 아니라 움직임이었다. 처음에는 그들이 그 자리에 서서 무엇을 하고 있는지 알지 못했다. 그들은 막달레나 조각상 앞에 서서 몇 분 동안이나 꿈쩍 않고 있었다. 정확히 말해서 그들이 정말로 움직이지 않은 것은 아니었다. 그들은 조각상 주위를 천천히 돌다가 가까이 다가가 보기도 하고 조각상을 가리키면서 나즈막한 목소리로 조각상에 대해 이야기를 나누기도 했다. 나는 조각상을 관찰하는 그들을 한참 지켜보다가 도대체 조각상의 어떤 점이 그들의 발걸음을 저렇게 멈추게 만들었는지 궁금해지기 시작했다. 혹시 조각상에 낙서가 되어 있거나 씹다 만 껌이 붙어 있는 것인지, 아니면 조각상의 일부가 훼손되어 있을지도 모른다는 생각도 들었다. 그러나 그런 이상한 점은 어디에도 없었다. 그들은 그저 조각상의 완벽한 아름다움에 끌려 그야말로 감상을 하고 있었던 것뿐이었다. 전시 작품들을 빠르게 스쳐 지나가기에 바빴던 사람들과는 대조적으로 말이다. 우리의 관심이 세상에서 제일 잘 나가는 상품이 되어버린 이 시대에, 걸작을 제대로 감상하는 것처럼 우리는 무언가에 그렇게 관심을 기울일 수 있을까?

이튿날 아침, 나는 《코리에레 델라 세라》 신문을 펼쳐서 훑어보기 시작했다. 그때까지만 해도 나의 의도는 신문을 읽는 것이었다. 그런데 30초도 안 되는 사이에 왓츠앱에서 메시지 4개를 받았다. 페이스북의 게시물에 달린 댓글 하나, 텔레그램의 업데이트 2건, 틱톡TikTok의 광고, 기사, 할인상품 등을 포함한 한 움큼의 알림이었다. 그런데 이때 새로운 하이퍼커넥션 시대에 사람들이 박물관의 예술 작품 앞에 멈춰 서서 작품을 어떻게 또 얼마나 보는지에 대한 런던 테이트 갤러리의 연구를 보도한 기사가 마침 내 앞에 펼쳐져 있었던 것은 순전한 우연이었을까? 기사에 따르면 사람들이 작품 앞에 멈춰 있는 시간은 단 8초였다! 충격적인 결론이었다. 눈을 한 번 깜빡이는 것보다 조금 더 되는 시간이다. 이건 있을 수 없는 일이다. 너무 짧은 시간이다. 그렇게 느낀 순간 또 다시 내 눈길은 왓츠앱에서 온, 몇 번째인지도 모를 알림에 갔다. (쓸데없는) 메시지에 답장을 쓰면서 나는 전날 저녁을 떠올렸다. 경이로운 카노바의 조각상들을 재빨리 훑어보고 지나갔던 내 움직임에 대해, 어디에 무엇이 있는지도 모른 채 얼마나 내가 전시실들 사이를 미끄러지듯 다녔는지에 대해 생각했다. 위대한 예술가 중 한 명의 작품에 내가 바친 시간은 고작 8초뿐이었다. 기억에 남는 것은 하나도 없는, 즐거움을 느낄 시간조차 남기지 않는 산만한 눈길 그리고 나는 그 커플의 차분함에 대해 다시 생각해봤다.

신문 기사는 테이트 미술관이 슬로푸드의 미학적 버전인 '슬로 룩킹slow looking', 즉 관람객들이 인스타그램에 게시된 사진을 보는 것처럼 한 그림에서 다른 그림으로, 또는 한 조각상에서 다른 조각상으로 뛰어다니는 것에 반대하여 일으킨 이 운동을 주창하고 있다고 설명한다. 미술관에 있는 모든 작품들을 감상하지 않아도 좋으니 속도를 늦추고 소수의 작품만을 선별하여 선택적 입장을 취하라는 조언이다. 이는 해방의 몸짓이며, 전체를 위한 부분의 권리, 더하기 대신 빼기를 사용할 권리 그리고 포기할 권리에 대한 주장이다. 이 '느린 시선'이 우리에게 요구하는 것은, 이틀에 한 번씩 비엔나 미술관의 보르도네 홀에 앉아 틴토레토의 그림을 뚫어지게 바라보며 화가의 결점을 찾아내려고 애쓰는, 토마스 베른하르트의 소설《옛 거장들》의 주인공처럼 한 작품 앞에서 여러 날을 보내라는 것은 아니다("전체와 완벽함을 우리는 참을 수 없다"). 단지 10분 정도만 할애하여, 더 주의 깊게 작품을 관찰하고 우리의 "메뚜기적 사고"(어떤 것에서 다른 것으로 끊임없이 점프하는 우리의 능력을 분석한 MIT의 학자 시모어 페퍼트Seymour Papert가 내린 정의다)를 억제하려고 노력할 것을 제안하는 것이다.

권태의 시대에 10분은 영원처럼 느껴지지만 과도한 자극을 받고 있는 우리의 관심이 무너져 내리지 않도록 적극적으로 저항하는 데 유용한 훈련이다. 내 오른쪽에는 남녀가 테이블 양쪽에 마주 앉아 5분 동안 서로 말 없이 각자 스마트폰에 집중하고 있었다. 박물관이 아닌 우리의 일상에서 '슬로 룩킹'은 뉴욕 컬럼비아대학교의 팀 우Tim Wu 교수가 '클릭 한 번이면 되는 삶'이라고 정의하면서 언급한 '편리함의 압제'에서 벗어나 다른 사람들과 사물들에 약간의 시간을 할애하는 것을 의미한다. 팀 우는 "편리함은 오로지 목적지이지 여정이 아닙니다"라고 말했다. 그런데 우리는 편리함을 추구하는 클릭과 인생을 맞바꾸고 있는 것이다.

8초 안에 무엇을 할 수 있을까? 립스틱은 바를 수 있겠다. 나처럼 능숙하다면 말이다. 또는 책을 두 줄 반 정도 읽는 것, 제라늄에 물을 주는 것, 양말을 신는 것 정도는 가능할 것이다. 하지만 거장의 예술 작품을 이해하기에는 턱없이 부족한 시간임이 분명하며, 더 나아가 주변 사람들이 무슨 생각을 하고 있는지 혹은 무엇 때문에 고통받고 있는지 알아내기에도 한참 모자란 시간이다.

다음날 나는 개인적인 작은 실험을 해보기 위해 다시 전시회에 갔다. 나는 곧장 카노바의 막달레나로 향했다. 화성에서 떨어진 것 같은 그 커플이 했던 것처럼 나도 그녀 앞에 멈춰 서서 작품에 대해 내가 무엇을 '이해할 수 있는지' 보려고 했다. 가장 먼저 눈에 띈 것은 (지난번에는 눈치채지도 못했던 것인데) 막달레나가 두 손에 쥐고 있던 청동 십자가였다. 죽음 앞에서도 포기하지 않는 무한한 사랑의 상징이다. 나는 더 이상 저항할 힘도 없는 피로와 고통의 무게에 짓눌려 무릎을 꿇고 주저앉아버린 막달레나의 몸짓을 가만히 바라보았다. 그리고 깨달았다. 카노바는 이 작품으로 단순히 종교적인 것뿐만 아니라 고독의 이미지 그 자체를 불멸로 만들고 싶어 했다는 것을. 나는 가까이 다가갔다. 막달레나의 얼굴에 수정구슬 같은 눈물방울이 조각되어 있는 것도, 예술가가 막달레나의 대리석 머리카락에 독특한 색조를 주기 위해 밀랍과 유황으로 작업했다는 것도 전에는 알지 못했다. 나는 눈을 들어 올려다보았다. 막달레나의 뒤에 거울이 비치되어 있다는 것을 전에는 어떻게 모를 수 있었을까? 아마도 관람객에게 관능미를 뽐내는 조각상의 뒷모습과 함께 고통스러워하는 얼굴의 조화를 한눈에 보여주기 위한 큐레이터들의 선택이었을 것이다. 나는 카탈로그에서 막달레나의 첫 번째 소유자였던 잠바티스타 솜마리바Giambattista Sommariva가 실크벽지를 두른 어두운 방에 작품을 두고 두 개의 설화 석고 램프만으로 조명을 비춘 후 작품의 디테일에 감탄하면서, 조각상의 드러난 등허리와 가슴에서 흘러내리려고 하는 옷과 몸의 부드러움을 감상할 수 있도록 작품의 뒤에 거울을 배치했다는 이야기를 읽었다. 놀랄 일이 아니다. 이것은 여느 조각상들과는 다르니 말이다. 내가 일부러 시간을 오래 두고 시선을 주지 않았다면 이 작품에 대해 아무것도 이해하지 못했을 것이다. 단 8초의 집중력으로 인해 우리는 오해와 소통 불가능, 고독 그리고 침묵의 형을 선고받았다.

8초는 오늘날 우리가 평소에 관심을 기울이는 평균 시간이다. 기사를 읽을 때, 음악을 들을 때, 영화를 볼 때, 다른 사람들과 이야기를 나눌 때, 이 시간이 지나면 우리는 집중력을 잃는다. 8초! 금붕어보다 짧은 시간이다. 금붕어와의 집중력 비교는 과학적 가치보다 상징적 가치가 더 크다. 일부에서는 어류의 집중력을 정확히 측정하는 것은 불가능하다며 의문을 제기하지만, 별 의미는 없는 지적이다. 디지털 기기가 우리의 집중력을 어떻게 흐트러뜨렸

8초는 오늘날 우리가 평소에

관심을 기울이는 평균 시간이다.

8초! 금붕어보다 짧은 시간이다.

단 8초의 집중력으로 인해

우리는 오해와 소통 불가능, 고독

그리고 침묵의 형을 선고받았다.

는지에 대한 마이크로소프트 캐나다의 연구가 2015년에 발표되었을 때, 수많은 사람들이 이것에 대해 이야기했다. 연구원들은 시간을 두고 자원 봉사자 그룹의 두뇌 활동을 모니터링했으며, 불과 몇 년 사이에 우리의 주의력은 3분의 1로 떨어졌다고 밝혔다(스마트폰이 등장하기 전인 2000년에는 12초였다).

집으로 돌아가는 길에 나는 헤드폰을 끼고 본능적으로 스마트폰에서 음악 스트리밍 앱인 스포티파이Spotify를 검색했다. 무엇을 들어야 할지 몰라서 내 플레이리스트에 있는 곡 중 하나를 선택하고 '셔플'을 눌렀다. 1980년대식 키보드와 리드미컬한 드럼 연주가 절대 끝나지 않을 것처럼 계속되다가 갑자기 보컬이 폭발하며, 자신이 계속 꿈꾸던 한 남자를 향한 사랑과, 자신이 꿈에서 깨어날 때 느끼는 감정 역시 여전히 사랑이기를 바라는 희망을 노래한다. 나는 낮은 소리로 후렴구를 따라 부르고 있는 나 자신을 발견했다. 휘트니 휴스턴의 '내가 어떻게 알겠어요?How Will I Know?'는 내가 젊었을 때 가장 많이 따라 불렀던 노래 중 하나였다. 다시 생각해보면 이상하다. 단어 하나 없이 전주만 나오는 노래의 도입부는 42초간 지속된다. 우리의 평균 집중력 시간의 다섯 배다. 게다가 이것은 실험적 음악도 아니고 매니아들만을 위한 음악도 아니었다. 당시 이 노래가 실린 앨범은 2천 5백만 장이 팔렸다. 내가 추억에 빠져들지 않았다면 나는 아마 다른 곡으로 넘어갔을(스킵했을) 것이다. 내가 나도 모르게 흥얼거렸던 후렴구도 노래 시작 후

1분 14초나 지나서 나온다.

집으로 돌아가는 길에 한 가지 아이디어가 떠올랐다. 최근 몇 년간 히트한 팝송을 몇 곡 무작위로 유튜브에 입력해보는 것이다. 퍼렐 윌리엄스Pharrell Williams의 '해피Happy'(2013년)나 마룬 파이브Maroon 5의 '슈가Sugar'(2014년), 에드 시런Ed Sheeran의 '쉐입 오브 유Shape of You'(2017년) 같은 노래 말이다. 첫 곡의 도입부는 단 2초였고, 유명한 후렴구는 25초에 시작된다. 두 번째 곡의 도입부는 8초간 지속되고 후렴구는 40초에 나온다. 세 번째 곡의 도입부는 10초간 지속되고 후렴구는 48초에 나온다. 물론 이 실험에는 과학적이고 절대적인 것은 없다. 여전히 아주 긴 레트로 풍의 도입부를 사용하는 음악가도 있고 모든 장르가 같은 규칙을 따르는 것은 아니니 말이다. 하지만 오하이오대학교에서 음악사를 전공하는 위베르 레베이예 고뱅Hubert Léveillé Gauvin의 논문과 나의 실험을 비교해보면 흥미로운 점을 발견할 수 있다. 지난 30년 동안의 팝송을 분석한 레베이예 고뱅의 진단은 명확하다. 실리콘 밸리의 발전과 그에 대한 숭배가 음악 창작에도 영향을 끼쳤다는 것이다. "기악 도입부가 사라졌고 후렴구가 바로 나와야 합니다. 곡의 구조도 바뀌었습니다. 지금은 곡을 더 쉽게 만들고 사람들을 더 빠르게 사로잡을 수 있도록 '후렴구-절-후렴구'로 구성하는 경향이 있습니다. 기타나 관악기의 솔로 파트는 주의를 산만하게 하고 집중력을 흐트러뜨릴 위험이 있기 때문에 사라졌습니다." 이 모든 것이 실제로 그런 것인지 수학적 법칙이나 일정한 규칙이 적용되는지는 확실하지 않다. 그러나 일반적으로 나의 인내심이 매우 낮아졌다는 것은 확실히 말할 수 있다. 내가 인지할 수 있는 한도 내에서는 말이다.

그런데 언제였을까? 언제부터 우리는 그 무엇 앞에서도 잠깐 멈추는 것을 받아들이지 못하기 시작했을까? 이렇게 계속 살아간다면 어떤 종류의 삶을 경험할 수 있을까? 이것을 통해 얻을 수 있는 것이 있을까? 나는 여러 날을 내가 스마트폰 때문에 산만해진 희생자라는 것을 깨달을 때마다 마음이 불편해졌고, 이 상황을 이해해 보려고 관련 주제에 대한 것이면 무엇이든 닥치는 대로 붙잡고 꼼꼼히 살펴보았다. 온갖 자료들을 찾아나선 덕분에 집에는 책과 잡지가 산더미처럼 쌓이게 되었고, 이제 그 자료 더미들이 마치 내 머릿속에 자기들의 공간을 요구하는 것처럼 나를 노려보고 있다는 생각이 들었다. 내가 종이로 된 자료를 찾기 시작한 것은 모바일 인터넷을 사용하면서는 도저히 집중을 할 수 없었기 때문이다. 나는 어떤 사람과 그에 관련된 자료를 찾기 위해 구글링하다가 어느새 스모 선수들의 비디오를 원어로 보고 있는 나를 발견하게 된다. 어떻게 그 비디오를 보고 있게 된 것인지, 잠깐의 시간 동안 무슨 일이 일어났는지 짐작조차 하지 못한 채 말이다.

나를 가장 뚫어지게 쳐다보고 있는 책 중 하나인《정리하는 뇌The Organized Mind》에서 신경과학자 대니얼 레비틴Daniel Levitin은 우리가 초당 120비트 정도의 인지적 처리 능력(우리가 주의를 기울일 수 있는 정보 트래픽의 최대 속도 한계치)을 가지고 있다고 주장한다. 범람하는 자극의 양에 비하면 말도 안 되게 낮은 수치다. "뇌는 하루에 제한된 양의 결정만 내리도록 설정되어 있으며, 일단 그 한계에 도달하면 아무리 중요한 일이라도 우리는 더 이상 결정할 수 없다. 최근 신경과학계에서는 뇌의 의사결정 네트워크는 우선순위를 두지 않는다는 것을 발견했다. 오늘날 사람들은 전례 없는 수많은 양의 정보에 노출되어 있으며, 인류 역사상 그 어느 때보다 많은 정보를 생산한다". 온라인에서는 초당 2,800만 권의 책에 해당하는 정보가 생산된다(이탈리아 최대 도서관인 피렌체 국립 중앙도서관에 소장된 책의 3배에 달하는 규모다). 이것을 알게 되었을 때 나는 나에게 쏟아지는 모든 것을 감당하지 못하는 나 자신을 더 이상 무능력하다고 생각하지 않게 되었다. 분명히 말하지만 1초당이다. 클릭 한 번 하는 시간이다. 그리고 우리의 뇌는 우선순위를 정할 줄 모른다. 위로가 된다.

나는 최근 나의 '퇴행적 목적론'에 입각하여 모든 것을 잊어버린다. 마치 내 두뇌가 새로운 것들을 위한 공간을 만들기 위해 용량 많은 파일을 지속적으로 삭제해야 하는 외장 하드 디스크라도 되는 것처럼, 아니면 계속해서 썼다가 긁어내고 다시 쓰는 중세의 양피지 두루마리 고문서라도 되는 것처럼 말이다.

때로는 다행스럽게도 이러한 규칙을 어기고 새로운 기억에 저항하는 것들이 있다. 어느 날 저녁, TV에서는 〈키친 스토리Kitchen Stories〉를 방영했다. 2003년에 개봉한 스칸디나비아 영화로 오스카상 후보에도 올랐던 작품이며, 또 내가 결코 잊지 못하고 기억 속에 남겨둔 작품이기도 하다. 이 영화는 존재하지 않는 대화들로 이루어진 비현실적인 이야기인데(이 영화가 나왔을 때 스마트폰은 세상에 없었다) 1950년대 초, 노르웨이의 작은 마을을 배경으로 한다. 영화에서 스웨덴의 가사연구소는 중년의 독신 남성들에 대한 흥미로운 조사를 추진한다. 주방 디자인을 최적화하기 위해 연구소는 직원들을 집으로 보내 집안에서 사람들이 어떻게 움직이는지 기록하게 한다. 영화는 실험을 위해 선발된 한 독신남의 움직임을 면밀히 관찰하기 위해 부엌의 한쪽 구석에 세워둔 높은 스탠드 의자 위에 쭈그리고 앉은 연구소 직원 폴케를 비추는 샷으로 시작한다. 폴케는 실험 지원자와 소통하는 것이 금지되어 있고 오로지 하루 종일 조용히 앉아서 메모만 할 수 있다. 이 영화는 효율성이라는 미명 하에 모든 인간관계를 제거하려는 자본주의 시스템의 잔인한 의도를 보여준다.

캘리포니아대학교 어바인 캠퍼스UCI에서 디지털 인류학의 록스타인 글로리아 마크Gloria Mark 교수와 만났을 때 내 머리에 불현듯 떠오른 것은 바로 〈키친 스토리〉의 이 높은 의자 장면이었다. 어바인 캠퍼스는 캘리포니아의 심장부인 부유한 오렌지 카운티의 중심부에 위치하고 있었다. 이 대학은 1960년대 중반에 설립되었고 린든 존슨 미국 대통령이 직접 기공식에 참석했다. 알드리치 공원과 유칼립투스 나무, 봄이면 분홍 꽃이 만발하는 캐나다 박태기나무 주위로 현대적 건물들이 원형으로 배치되어 있다. 이곳을 여유롭게 산책하는 동안 나는 마치 스마트폰은 존재하지 않는 것 같고, 실리콘 밸리의 다국적 기업들이 수백만 킬로미터 떨어져 있는 것 같은 기분이 들었다. 이곳에서 잠시 더 머물면서 나의 정신을 숨 쉬게 하고 싶다는 생각이 들 정도로 기분 좋은 경험이었다.

나는 디지털 정보를 연구하는 UCI 도날드 브렌 정보 컴퓨터과학 대학 연구실에서 글로리아 마크를 만날 수 있었다. 그녀는 연구실의 작업 도구들을 나에게 하나하나 보여주었다. 시선 추적 안경, 전극, 열화상 카메라, 모니터 그리고 사람들이 전자 장치를 사용할 때 어떻게 행동하는지 모니터링하기 위한 기타 기술 장비들이었다. 그녀는 연구가 어떻게 진행되는지 설명해주었다. "저는 사람들을 연구하기 위해 실험실로 데려오지 않고, 그들이 있는 곳으로 갑니다. 왜냐하면 현실 세계야말로 살아 있는 실험실이기 때문이죠. 사람들은 노트북, 스마트폰, 태블릿 등 다양한 장치를 사용해요. 끊임없이 번갈아 가면서요. 제가 알고 싶은 것은 이 모든 것이 인간으로서의 우리에게 어떤 영향을 미치는가 하는 겁니다." 그녀는 잠시 멈췄다가 이렇게 말했다. "소셜 컴퓨팅이 성장함에 따라 세상은 계속 축소되고 있습니다."

나는 그녀의 이야기에 감탄했다. 그녀는 책임자로 있는 코드와 소프트웨어 부문을 계속 다룰 수도 있었지만 현실에 안주하지 않고 기술이 사람들의 주의력, 기분 그리고 무엇보다도 스트레스에 어떻게 부정적인 영향을 미치는지를 이해하려고 노력하는 것이 더 중요하다는 판단을 내렸다. 그녀는 사람들이 대부분의 시간을 보내고 (적어도 계약상으로는) 업무에 집중하고 있어야 하는 직장을 연구대상으로 삼는 뛰어난 직관력을 보여주었다. 사람들은 사무실에 출근해서 책상에 앉아 컴퓨터를 켜고 일을 시작한다. 모든 일이 평상시대로다. 몸에 바이오센서를 부착하고 있고, 관찰자가 있다는 것을 제외하고는 말이다. 이 센서들은 사람들이 컴퓨터에서 다른 기기로 시선을 돌리거나 스마트폰 키보드 위를 엄지손가락으로 두드리기까지 시간이 얼마나 걸리는지 측정한다. 그리고 그들의 등 뒤에는 마크 교수가 노트를 가지고(스웨덴 영화에 나오는 온순한 폴케처럼 앉아서) 관찰하고, 시간을 재고, 메모를 한다. 그녀는 그 무엇도 놓치지 않으며, 인스타그램에 눈길 한 번 주지 않고, 왓츠앱 한 번 슬쩍 들여다보는 일도 없다. 하루에 8시간 동안 조용히 그리고 보호색으로 위장한 듯 가구와 하나가 되어 의자인지 사람인지 헷갈릴 정도가 될 때까지 몇 년 동안 그렇게 했다. 다큐멘터리 제작자들 말마따나 '벽에 붙은 파리'가 되는 것이다.

"대략 10년 전에 우리가 이 연구를 시작했을 때, 사무실에 있는 사람들이 한 화면에서 다른 화면으로 3분마다 옮겨가는 것을 봤습니다. 그때 우리는 '3분마다? 믿을 수가 없네!'라고 말했습니다." 그녀는 나에게 설명했다. "4년이 지난 후, 우리는 다시 그 연구를 진행했는데, 사람들이 다른 화면으로 옮겨가기 전에, 한 화면 앞에 있는 시간이 1분 15초라는 것을 알게 되었습니다. 그리고 얼마 전에 연구를 다시 진행해본 결과 한 화면 앞에 있는 시간이 40초로 떨어졌다는 것을 발견했습니다. 그야말로 충격적이었습니다. 그 말은 사람들이 40초마다 집중력이 흐려지고, 다시 집중하기 위해서 노력해야 한다는 뜻입니다." 명치를 주먹으로 한 방 맞은 기분이다. 마이크로소프트 연구의 8초는 과장된 수치일 가능성도 있겠지만 마크 팀이 측정한 40초는 실제로 연구를 진행하여 얻은 결론이다. 그것이 얼마나 심각한 문제인지 상상해보려면, 중요한 비즈니스 회의에 참석해 있다거나 중요한 보고서를 작성하는 중이라고 가정한 후 40초를 세어보자. 몇 초의 짧은 시간으로 얼마나 좋은 결과를 얻어낼 수 있겠는가?

"별로 많지 않습니다." 글로리아 마크가 나를 안내하며 암울하게 대답했다. "그 짧은 시간 동안에는 진지한 생각을 시작조차 할 수 없을 것입니다. 중요한 것은 우리가 이미 길들여져서 더 긴 시간 동안은 주의를 기울일 수 없게 되었다는 점입니다. 우리는 끊임없이 집중력이 흐려지고 우리의 시선과 집중할 대상을 바꿔야 합니다. 이것이 디지털 미디어 사용의 결과입니다. 우리는 한 링크에서 다른 링크로 옮겨다니는 것처럼 어떤 것에서 다른 것으로 옮겨갑니다. 오프라인에 있지만 온라인 상태에 있는 것과 마찬가지입니다. 반응 시간도 똑같습니다."

마크는 내 얼굴 앞에서 검지를 자동차 와이퍼처럼 빠르게 좌우로 움직여 보인다. "우리는 메시지와 알림으로 끊임없이 주의가 산만해집니다. 방해하는 것이 아무것도 없을 때는 우리 스스로 방해를 합니다. 왜냐하면 그럴 필요가 있으니까요. 우리는 사람들이 직장에서 중요한 일을 하다가도 갑자기 멈추고는 스마트폰을 손에 들고 채팅을 하거나 소셜 미디어를 확인한다는 것을 연구로 밝혀냈습니다. 사람들은 스마트폰 없이는 더 이상 아무것도 할 수 없게 된 것입니다." 우리는 연구실 책상 앞에 앉았다. 그녀는 한 손을 다른 손 위에 얹은 채, 시선을 떨구고는 이렇게 말했다. "심각한 것은 쉬는 시간이 끝난 뒤 집중력을 회복하는 데 평균 25분이 소요된다는 결과가 나왔다는 점입니다."

아니, 뭐라고? 나는 순간 당황했다. 마음을 가다듬고 하던 일을 다시 하는 데 25분이 걸린다면 도대체 어떻게 작업을 끝낼 수 있단 말인가? 나는 내가 제대로 이해하지 못한 거라고 확신하며 교수에게 다시 물어보았다. 그러자 그녀는 멋쩍은 미소를 지으며 말했다. "사실 제가 정확한 수치를 말한 것은 아닙니다. 정확하게는 25분 26초입니다. 이 데이터는 제가 최근에 발표한 논문에 나와 있습니다." 중요한 일을 하는 동안에는 왓츠앱 메시지를 보내고 싶은 유혹이 들 때마다 다시 생각해보는 것이 좋겠다. 생산성은 집중력과 깊은 관계가 있기 때문이다.

오늘날 우리는 만성적으로 산만한 사람들이 되어버렸다. 그리고 그것을 교묘하게 다른 단어로 포장한다. 언어는 종종 우리를 속이는데, 우리는 그것에 정통으로 걸려들었다. 어떻게 그렇게 된 것인지는 모르겠지만 역사상 어느 시점에서 우리는 산만함을 '산만함'이라 부르기를 그만두었다. 이 말의 근저에 깔려 있던 모든 부정적 의미와 함께 말이다. 그리고 우리는 그것을 '멀티태스킹multi-tasking'이라고 부르기 시작했다. 컴퓨터의 기능에서 차용한 용어다.

역사상 어느 시점에서

우리는 산만함을 ‘산만함’이라 부르기를

그만두었다. 그리고 우리는 그것을

‘멀티태스킹’이라고

부르기 시작했다.

마치 우리가 컴퓨터와 똑같은 존재인 것처럼, 우리와 운영체제가 하나인 것처럼 말이다. 흥미로운 형태의 전이다. 안타깝게도 실제로 컴퓨터는 두 가지 일을 동시에 할 수 없다. 다만 프로세스 A에서 프로세스 B로 넘어가는 속도가 엄청나게 빠를 뿐이다. 빠른 속도 때문에 두 가지 프로세스가 동시에 일어난다고 믿지만 실제로는 별개의 두 가지 단계인 것이다. 우리는 의미를 완전히 이해하지 못하고 단어를 차용했을 뿐 아니라 멋대로 긍정적인 의미까지 부여한 것이다. 사람들은 동시에 여러 가지 일을 할 수 있는 멀티태스커가 되었다고 스스로에게 말한다. 심지어 잘할 수 있다고까지 말한다. 애석하게도 이것은 사실이 아니다. 이 분야에서 많은 연구를 수행한 마크는 다음과 같이 말했다. "완전히 자동적으로 이루어지는 몸짓이 아닌 이상, 인간은 동시에 두 가지 일을 할 수 없습니다. 실제로 우리가 하는 것은 전환입니다. 굉장히 빠르게 앞뒤로 왔다갔다하는 것입니다. 그러나 이 말은 매순간 우리가 주의를 다시 집중시킨다는 것을 의미하기도 합니다. 별것 아닌 것 같지만 하루 종일 이 업무 전환task switching이 쌓이면 스트레스가 됩니다. 그리고 스트레스는 집중력과 두뇌에 막대한 대가를 치르게 합니다. 집중력이 낮아지는 것을 이대로 방치해서는 안 됩니다."

마크의 경고가 과장된 것은 아닐까? 나는 직접 디지털 실험실에 들어가서 확인해보기로 했다. 디지털 실험실은 우리가 이메일을 보내는 동안에 페이스북 알림을 받을 때마다 우리의 집중력이 어떻게 변하는지 집중력 레벨을 모니터링하는 곳이다. 마크는 나를 컴퓨터 앞에 앉게 하고는 내가 평소에 하는 것처럼 이메일, 소셜 미디어, 인터넷이나 그 외 모든 것을 사용해보라고 했다. 내 앞에 놓인 열화상 카메라가 내 얼굴과 작업 중에 일어나는 내 피부의 변화를 모니터링했다. 결과를 보고 나는 화들짝 놀랐다. 내 윗입술 위로 웬 검은 점이 가득했던 것이다. 마크는 태연하게 설명해주었다. "사람들이 땀을 흘리기 시작하면 열화상 카메라는 이를 감지하고 색 변화로 이를 표시합니다. 입술 위의 검은 점들은 당신의 생리적 반응을 나타내는 것입니다. 땀을 스트레스의 지표라고 볼 때, 이것은 의식 수준에서는 인지하지 못하더라도 실제로 스트레스를 받고 있다는 것을 의미합니다. 우리는 이 실험에 참여한 모든 자원 봉사자들이, 맡은 역할에 상관없이 전자 메일의 편지함을 읽기 시작했을 때 스트레스 반점을 보였고 컴퓨터를 끄자 반점이 사라졌음을 확인했습니다."

특별히 활기찬 생활을 하지 않는 것의 장점 중 하나는 이메일을 많이 받지 않는다는 것이다. 내 메일함에 업무 관련 메일은 그다지 많지 않다. 나는 적어도 지메일Gmail로 인한 스트레스는 면했다. 통계 포털 사이트인 인터넷 라이브 스태츠Internet Live Stats에 따르면 전 세계적으로 매일 2,270억 통, 초당 270만 통의 이메일이 전송된다. 나는 업무 때문에 하루에 거의 200통의 이메일을 처리해야 하는 사람들을 알고 있다. 그들은 하루의 3분의 1을 이메일을 처리하느라 보낸다. 우리는 우리가 만든 디지털 기술로 인해 멀티태스킹을 하도록 강요받으며 그 악순환의 고리에 스스로 갇혀버렸다. 한 작업에서 다른 작업으로 지속적이고 반복적으로 왔다갔다 하는 것은 결국 일의 속도를 늦추고 뇌를 피곤하게 한다. 학자들은 전전두엽 피질이 과열되면 산만해지고 혼란스러워진다고 말한다. 온통 급커브 구간인 도로에서 끊임없이 저단 변속을 해야 하는 자동차와 같다. 결국 엔진에 무리가 오리라는 것은 뻔한 일이다.

그렇게 부단히 무엇인가를 수행해야 하는 세계에서 나는 가끔씩 죄책감과 어쩔 수 없는 무력감을 느끼면서, 굳건히 '모노태스킹'을 하는 두뇌의 소유자였다. 그러나 한 번에 한 가지 일도 벅찬 나 같은 사람들을 위로하는 연구가 발표되었다. 스탠퍼드대학교의 한 연구팀에서는 동시에 여러 가지 일을 하는 데 익숙한 정도에 따라 '헤비 멀티태스커heavy multitasker'와 '라이트 멀티태스커light multitasker'로 분류된 262명의 학생을 대상으로 수행 능력과 정보 처리 방식을 비교했다. 놀랍게도 루빅스 큐브 챔피언급 속도로 일을 처리하는 '헤비 멀티태스커'들은 대화중에 페이스북을 보고 이메일에 답장을 보내고 전화 통화를 하고 신문을 읽고 저녁 식사를 준비하면서도 "말해, 듣고 있어"라고 하는 사람들이다. 이들은 기억력, 통제력 및 인지 학습 능력과 같은 모든 테스트에서 가장 나쁜 점수를 받았다. 멀티태스킹을 많이 할수록 중요하지 않은 것과 중요한 것을 분류할 수 있는 능력이 부족했다. 그들은 사소한 일에 맞게 머리를 단련시켰고, 그 결과는 사고의 뒤죽박죽이었다. 이는 더 이상 맛을 구별할 수 없는 인지적 미각 장애와 비슷한 것으로,

너무 사소한 것들에 지나치게 예민하면 오히려 더 안 좋은 결과를 가져올 수도 있는 것이다.

같은 주제에 대하여 《사이언스Science》는 2010년, 멀티태스킹을 하는 사람들의 두뇌 활동을 촬영한 프랑스 국립 보건 의료 연구소INSERM의 기능적 자기공명 영상FMRI 자료를 발표했는데, 이는 우리의 뇌가 여러 가지 작업을 동시에 처리할 수 없는 이유를 명확하게 보여준다. 영상에서 일부 영역은 동시에 활성화되기도 하지만 뇌는 기본적으로 한 번에 하나의 작업만 처리한다는 것을 알 수 있었다. 뇌 회로에는 한 작업에서 다른 작업으로 천분의 몇 초 만에 이동할 수 있게 해주는 일종의 내부 스위치 같은 기능이 있다. 눈을 한 번 깜빡이는 데 드는 시간은 4분의 1초. 굉장히 빠른 시간이지만 주의력을 분산시키고 중요한 정보를 잃어버리게 만들 수도 있는 시간이다. 미시간대학교에서 2015년에 발표한 병원의 응급 상황에 대한 연구는 의사가 뇌에 스트레스를 받을수록 실수할 가능성이 높아진다고 밝혔다. 또 다른 연구에 따르면, 응급실에서 지속적인 방해가 일어나면 239건의 처방 중 208개의 오류가 발생한다고 집계되었다. 의사들이 방해를 받아 일이 중단되면 오류 발생률은 282퍼센트 증가했고, 일하는 도중에 멀티태스킹을 수행하면 186퍼센트 증가했다.

세상에 우연히 일어나는 일은 없으며, 멀티태스킹도 진화의 산물이라고 할 수 있다. 우리는 새로운 것, 우리를 자극하는 것에 끌린다. 문제는 디지털로 인한 집단적 산만함이 넘쳐나는 시대에 새로운 것을 받아들이는 뇌의 중추가 지속적으로 자극을 받으면서 그 대가는 자기 통제와 결정, 합리적 사고를 담당하는 전전두엽 피질이 치른다는 것이다. 그리고 그로 인한 대가는 장기적으로 누적된다. 내가 목표를 달성했거나 뜻밖의 결과를 얻었던 모든 경우를 생각해보면 근본적으로 동기와 결단력이 중요했음을 알 수 있다. 그런데 그러면서도 바로 그 기능을 담당하는 뇌를 공격하는 기기에 하루에 6시간 이상을 매달려 있다.

대니얼 레비틴이 자신의 저서에서 말하듯이, "멀티태스킹은 집중력 상실과 외부 자극을 지속적으로 추구하는 대신 도파민 중독을 만들어 뇌에 효과적으로 보상한다. (……) 장기적인 보상을 선택하고 단기적인 보상을 포기하도록 자신을 단련해야 한다." 레비틴의 주장에 따르면 마치 우리가 여전히 무엇인가를 결정하고 삶의 통제권을 되찾을 수 있을 것 같다. 마치 우리가 도파민(쾌락과 중독의 분자)과 코르티솔(스트레스 호르몬)의 분비를 촉발하는 기기를 만지느라 하루의 3분의 1 이상을 보내지만, 자신을 단련하면 우리가 처한 불안과 만족의 악순환을 끊을 수 있을 것 같아 보이는 것이다. 그러나 현실은 그렇지 않다.

로스앤젤레스 남쪽에 있는 캘리포니아주립대학교 도밍게즈 힐즈 캠퍼스에 도착해서 제일 먼저 느낀 것은 미국 캠퍼스가 가지고 있는 전통적인 이미지와는 너무나 거리가 멀다는 것이다. 이름 없는 넓은 길로 이어지는 이름 없는 주차장의 이름 없는 정문을 통과하는 내내 주소를 잘못 알고 찾아온 것은 아닐까 하는 의문이 들 정도였다. 사람도 별로 없고, 건물들은 뭔가 허름하고 대충 지은 듯했다. 세상에서 가장 꼼꼼한 사람인 동료 이레네가 동행하여 이 장소가 맞다고 나를 안심시켜주지 않았다면 나는 분명 어떤 폐교에 와 있는 것이라고 확신했을 정도였다. 실제로는 학기가 끝났고 봄방학 중이라 학교에 학생들이 없다는 것을 나는 곧 알게 되었다.

내가 이곳에 온 것은 스마트폰이 호르몬 체계에 미치는 영향에 대해 연구하고 있는 미디어 심리학 교수 낸시 치버Nancy Cheever를 만나기 위해서였다. 세계에서 가장 전위적인 연구가 이렇게 구식인 강의실에서 나왔다는 점이 다소 어색하게 느껴지기도 했다. 낸시 치버는 체격이 좋고 에너지가 넘치며 아름다운 미소를 가진 전형적인 캘리포니아 분위기의 여성이었다. 나는 CBS 프로그램인 〈60분60 Minutes〉에서 그녀를 본 적이 있다. 진행자 앤더슨 쿠퍼가 치버의 실험에 자발적으로 참여했는데, 실험 테이블에 앉은 그는 손에 여러 개의 전극을 부착한 채 컴퓨터로 비디오를 시청하라는 요청을 받았다. 다른 방에 있는 치버가 그의 스마트폰 전화벨을 울리게 할 때마다 그의 심장 박동과 땀의 발산을 표시하는 그래프가 마구 움직였다. 스마트폰이 진동하는 것만으로도 스트레스 지표는 올라갔다. 그 실험은 스마트폰이 정말 우리를 불안한 동물로 만들고 있는지에 대한 사람들의 의심을 깨끗이 해소시켜준 실험이었다.

나는 그녀를 만나 〈60분〉에서 본 것과 동일한 실험을 해볼 생각이었다. 치버와 연구원들은 나를 따뜻하게 환영해주었다. 그들은 내가 이 연구에 대해 어떻게 알게 되었는지, 내가 하는 조사의 취지는 무엇인지 물어보면서 내 손가락에 전극을 붙였고, 나는 그것들의 용도를 상상하면서 컴퓨터 앞에 앉았다. 스마트폰은 검사기기들에 전기적 간섭을 일으킬 수 있으므로 등 뒤에 있는 테이블에 내려놓게 했다. 그들은 내가 전혀 이해하지 못하는 아인슈타인의 상대성 이론에 대한 굉장히 복잡한 다큐멘터리를 보게 했다. 나는 비디오의 내용을 따라가려고 애쓰느라 전화벨 소리를 알아차리지 못할까 봐, 그래서 내 심장 박동 그래프에 변동이 별로 없어 실험이 실패하게 될까 봐 걱정되기 시작했다.

하지만 결과적으로 실험은 성공적이었다. 매개변수 곡선을 보여주는 모니터는 지진 충격을 나타내는 다이어그램과 비슷했다. 만족한 기색이 완연한 치버는 동료와 기쁨의 탄성을 터뜨렸다. 나는 저 오르락내리락 심한 굴곡을 보이는 그래프가 정말 내 심장박동을 나타내는 것인지 뚫어지게 쳐다보았다. "보이십니까? 이 곡선은 제가 처음으로 당신에게 메시지를 보냈을 때입니다. 그래프가 어떻게 상승하는지 잘 보시기 바랍니다. 당신이 알림 소리를 들은 지 3초에서 10초 사이의 시간이 중요합니다. 신체가 반응하기 시작하는 시간이죠. 당신의 신체반응을 나타낸 수치들은 보통 불안한 반응이 있다고 간주되는 임계치의 세 배 정도입니다. 당신은 메시지 알림 소리들을 들었을 때도 반응했고, 전화 벨소리가 울렸을 때는 더 크게 반응했습니다." 나는 당황스럽고 불안한 기분으로 그래프를 바라보면서, 수십 통의 왓츠앱, 전화, 알림, 이메일을 받는 평범한 하루를 보낸 후 나의 그래프는 어떤 모양일까 상상해 보았다. 매번 스마트폰 진동이 울릴 때마다 내 심장이 저렇게 뛰는 것일까? 전화가 올 때마다 심장에 충격을 받는 것은 아닐까? 그저 전화 한 통이 그렇게 강한 반응을 일으킨다는 것이 어떻게 가능한 것일까? 치버는 차분한 어조로 설명해주었지만 전혀 안심이 되지 않았다. 저렇게 심장박동이 들쑥날쑥하다면 협심증의 전조증상과 다를 바가 없어 보였기 때문이다. "우리에게는 아드레날린과 코르티솔이라는 두 가지 호르몬을 생성하는 부신이라는 분비샘이 있습니다. 전화벨이 울리면 뇌는 이 분비샘에 신호를 보내 호르몬을 방출합니다. 코르티솔과 아드레날린은 불안의 척도를 나타내며, 이는 어떤 면에서는 근본적으로 중요한 반응입니다. 인류가 동굴 생활을 하던 시절에는 항상 위험에 대비해야 했습니다. 그래서 우리의 몸은 언제든지 공격하거나 도망칠 준비가 되어 있게 된 것입니다."

이것이 바로, 수십만 년 동안 인류의 생명을 구한 '투쟁-도피 반응fight or flight response'이다. 위협을 받을 때 신체의 신진대사 활동은 최고조에 달하게 되고, 그 덕분에 우리는 보통 때보다 더 힘이 세지거나 더 빨리 달릴 수 있게 된다. 별로 놀랄 것도 없다. 이것이 바로 우리가 생존능력이라고 부르는 것이다. 성난 황소와 마주한다거나, 또는 사바나에서 사자를 만났을 때 일어나는 스트레스 반응이 생명을 구해줄 수도 있다.

엠마 스톤이 내레이션을 맡은 넷플릭스의 다큐멘터리 시리즈 〈익스플레인, 뇌를 해설하다The Mind, Explained〉를 보면 불안에 관한 매우 흥미로운 에피소드가 나온다. 이 다큐멘터리는 사자를 만난 멧돼지에게 무슨 일이 일어나는지 수많은 그래픽과 함께 명확한 설명을 곁들여 보여준다. 사자를 만난 멧돼지의 첫 번째 반응은 다음과 같다. 멧돼지의 편도체는 맹수에게서 위협을 느끼고 이것은 몸속에 아드레날린 방출을 촉발한다. 이는 멧돼지를 위험에 대비시키는 반응이다. 멧돼지의 심장은 아주 세차게 뛰기 시작하고 호흡은 가빠지며 폐는 팽창하고 혈관은 확장되는데 이 모든 것은 근육에 더 많은 산소가 도달하게 하여 언제든 도망갈 수 있도록 준비시키기 위한 것이다. 동공은 더 잘 보기 위해 확장되고, 사자의 움직임에 초점을 맞추기 위해 주변 시야는 좁혀진다. "멧돼지는 침 분비와 소화를 멈추고, 혈액 순환은 위장과 피부를 우회해서 진행되며, 자극에 관여하는 신경들은 비활성화됩니다. 그 순간에 신체의 모든 기능이 위협에 맞춰 적응을 하는 것입니다. 불안은 유용한 감정으로 진화했습니다. 바로 이 순간을 위해! 불안은 멧돼지로 하여금 도망쳐서 자신의 목숨을 구하도록 준비시키는 것입니다."

여기 위험에 처해 심장이 북처럼 쿵쿵거리는 멧돼지가 있다. 바로 나다. 정도는 덜 하지만, 내 스마트폰에 전화가 올 때마다 나는 사자를 만난 멧돼지가 되어 불안감에 휩싸인다. "만약 누군가가 당신을 죽이려고 한다거나 사자가 당신을 공격한다면, 당신의 신체는 스마트폰이 울릴 때와 동일한 생리적 반응을 보일 것입니다.” 치버가 설명했다. 그런데 그렇게 다른 두 가지 경우에 내가 같은 반응을 보이는 것이 정상일까? 끊임없이 울리는 알람 장치를 몸에 달고 사는 것은 정말 나에게 해가 되지 않는 것일까? “아드레날린과 코르티솔은 실제로 위협이 발생했을 때 매우 중요한 필수 호르몬입니다. 하지만 스마트폰은 불필요한 스트레스를 유발합니다. 이렇게 불필요한 스트레스가 자주 발생하는 것이 건강에 장기적으로 어떤 영향을 미칠지는 아직 정확히 알 수 없습니다. 아마 10년, 20년 뒤에는 알게 되겠죠. 하지만 단기적인 영향은 이미 알려져 있습니다. 잦은 스트레스는 수면 부족, 두통, 우울증 등을 일으킵니다. 불안이 계속되는 상태는 결코 신체에 좋지 않고, 장기를 손상시킬 수도 있습니다. 게다가 모든 만성 질환은 스트레스로 인해 악화될 수 있습니다.”

낸시 치버가 코르티솔에 대해 언급한 이후, 나는 그 호르몬의 ‘부작용’에 대해 더 많이 알고 싶어졌다. 공항에서 집으로 돌아가는 비행기를 기다리는 동안 나는 코르티솔의 과도한 분비와 관련된 위험성에 대해 인터넷으로 확인을 했다(이러면 안 되는 줄 나도 알지만). 정보를 찾아볼수록 점점 더 불안해졌다. 높은 코르티솔 수치는 비만, 대사 증후군, 제2형 당뇨병, 불임 문제, 고혈압, 치매, 뇌졸중과 관련이 있었다. 나는 〈뉴욕 타임즈〉에 실린 캐서린 프라이스Catherine Price의 기사도 찾았는데, 이 기사에서 그녀는 스마트폰으로 유발되는 코르티솔 수치가 크게 과소평가되었다고 단언했다.

"지금까지 스마트폰의 영향에 대한 대부분의 논의는 습관과 중독을 불러일으키는 화학 물질인 도파민에 초점을 맞추었습니다. 그러나 스마트폰이 코르티솔에 끼치는 영향은 잠재적으로 훨씬 더 놀라운 것입니다. 수치가 갑자기 급격히 올라가는 스파이크 현상이 어쩌다가 한 번씩 발생한다면 코르티솔 문제는 크게 중요하지 않을 수 있겠지만, 미국인은 보통 하루에 여러 시간을 스마트폰과 함께합니다. 그 결과 끊임없는 의무감과 원치 않는 스트레스가 발생하게 됩니다."

기가 막힌 것은 잠시 동안 스마트폰 화면에 아무런 알림도 오지 않으면 우리는 동요한다는 것이다. 그러면 우리는 스마트폰을 찾아 나선다. 적어도 나는 매일 그렇게 행동한다. 한동안 벨소리나 진동 소리가 들리지 않으면 나는 스마트폰을 찾아 온 집안을 샅샅이 뒤진다. 그때의 행동에는 충동적 강박이 스며들어 있고 머릿속에는 집착이 지배하고 있다. 몇 달 뒤 내가 샌프란시스코주립대학교의 에릭 페퍼Erik Peper 교수를 만나서, 스마트폰 사용을 통해 우리가 어떤 식으로 자신을 신체적으로 변화시키는지 물었을 때, 그가 나에게 설명해준 그대로다.

"스마트폰 벨이 울리지 않거나 알림이 오지 않는다면, 우리는 스마트폰을 확인하고 싶어 합니다. 기기의 사용은 특정 신경회로를 강화해서, 뇌가 갈망하는 새로움을 늘 기대하게 됩니다. 지속적인 경계태세에 있게 되는 것입니다. 사람들은 새로운 것이 도착했는지 확인하기 위해 스마트폰을 보지만, 찾던 것이 아닌 다른 것을 발견하거나 아무것도 찾지 못하는 일이 자주 발생합니다. 이 상황은 우리에게 더 많은 불안을 유발합니다. 즉, 또 다른 코르티솔 스파이크가 일어나는 것입니다. 이것은 스마트폰을 더 많이 그리고 자주 확인하는 현상으로 이어집니다. 왜냐하면 스마트폰을 확인하는 것이 스트레스를 잠시나마 진정시킬 유일한 방법이기 때문입니다."

완벽한 메커니즘이다. 우리는 스마트폰에 아무것도 오지 않을 때도 불안하고, 스마트폰이 웅 하고 진동하는 소리를 들을 때도 불안한 것이다. 두 상황에서 불안을 진정시킬 수 있는 유일한 방법은 스마트폰을 손에 쥐는 것뿐이다. 그러나 이것은 새로움에 대한 우리의 갈망을 활성화시키는 회로를 강화하여 혈중 코르티솔 수치, 즉 불안감의 정도를 높인다. 악순환이 이어지는 것이다.

이 지속적인 자극 메커니즘이 어떤 식으로 스마트폰에 대한 병적인 집착을 발달시켰는지를 가장 잘 설명해주는 예가 있다. 2014년, 《사이언스》는 버지니아대학교와 하버드대학교의 연구원들이 수행한, 사디즘의 한계에 대한 실험을 다룬 논문(〈저스트 씽크Just think: The challenges of the disengaged mind〉)을 발표했다. 연구원들은 실험 참가자의 전자기기를 모두 압수한 뒤 각자 빈방에 가두고, 그곳에 6분에서 15분 동안 그대로 두었다. 오늘날 왓츠앱 없이 혼자만 있는 방은 그야말로 감옥과 다를 바 없다. 몇 분 뒤 연구원들은 참가자들에게 한 가지 제안을 했다. "너무 무료해서 참을 수 없다면 오른쪽에 있는 작은 버튼을 눌러도 됩니다. 단, 한 가지 유의사항이 있습니다. 버튼을 누를 때마다 약간의 전기 충격을 받게 됩니다. 선택은 여러분의 몫입니다." 버튼을 꼭 눌러야 하는 것이 아닌데도 참가자들 중 누군가는 버튼을 누른다. 실험 초반에는 전기 충격이 주는 불쾌한 느낌에 시도가 뜸해지지만 점차 시간이 흐르고 불안감이 생기기 시작하면서 양상이 달라졌다. 대부분의 참가자들은 전기 충격에도 불구하고 그 버튼을 누르기 시작했다. 그들은 버튼을 누르면 무슨 일을 겪을지 이미 알고 있었고 그것이 주는 고통과 불쾌감을 알고 있었지만, 몇 분 동안 가만히 있는 것보다 차라리 전기 충격을 느끼는 것이 낫다고 선택한 것이다. 누군가와 함께 있지 않고, 오롯이 혼자 생각에 빠져 즐거운 시간을 보내는 것은 복잡한 기술이다. 우선 생각을 해야 하고, 그런 다음 그 생각들로 무엇을 할지 알아야 하기 때문이다. 고민스러운 일이다.

논문의 서두에는 "인간은 정신적으로 주변 환경으로부터 자신을 분리하고 내면을 향해 여행하며 과거를 기억하고 미래를 상상하며, 한 번도 존재한 적 없었던 세계를 상상할 수 있는 능력을 가지고 있다"라고 써 있다. 그러나 나는 그들이 언급하고 있는 인간의 모델은 이미 오래전부터 더 이상 존재하지 않는다고 생각한다. 파스칼은 "인류의 모든 문제는 혼자 방에 조용히 앉아 있지 못하는 인간의 무능력에서 비롯된다"라고 말했다. 그로부터 4세기가 지난 지금, 우리는 우리의 무능력으로 괴로움을 느끼지 않기 위해 무슨 짓이든 (약간의 전기충격까지도) 할 수 있게 되고 말았다.

내가 마지막으로 스마트폰, 아이패드, PC, 리모콘, 책, 신문 등을 손에 쥐지 않고 몇 분 동안 혼자 앉아 있었던 것이 언제였던가? 오로지 머리로만, 순수한 생각으로만 이리저리 거니는 즐거움을 갖기 위해서 말이다. 생각해봤는데, 정말이지 기억이 나지 않는다.

오늘 아침에도 나는 지금 이 장을 쓰면서 스스로에게 물어보았다. 어쩌다 우리는 이 지경에 이르게 된 것일까? 그러나 그러는 와중에도 등 뒤, 소파 위에 놓인 스마트폰의 진동 소리를 신경 쓰지 않을 수 없었다. 예전 같았으면 30분 남짓한 시간이면 끝냈을 일을 하는 데 장장 4시간이 걸렸다. 왓츠앱 메시지를 확인하기 위해 5분마다 자리에서 일어났기 때문이다. 그 중 절반은 정작 스마트폰은 아무것도 하지 않고 꼼짝 않고 있었고 알림 하나 받지 않은 상태였다. 알림은 내 뇌 속에 들어와 울리고 있었던 것이다.

인터넷은 많은 것을 앗아가지만 또한 많은 것을 주기도 한다. 미국 신문의 한 사이트에서 "샌디에이고 캘리포니아대학교 래디 경영대학원에서 스마트폰 사용으로 인한 주의력 결핍에 대한 연구를 발표했다"라는 기사를 읽었다. 이 연구에는 800여 명의 학생이 참여했는데, 아직은 미개척지로 남아 있는 기술적인 주의 산만이라는 영역을 탐구하고 있다. 연구자들은 스마트폰을 사용하지 않을 때, 또는 스마트폰이 근처 어딘가에 있지만 우리와 상호작용하지 않을 때 집중력에 무슨 일이 일어나는지에 대해 연구했다. 결과적으로 스마트폰은 그저 존재하고 있다는 사실만으로도 주의를

스마트폰은 그 물리적 존재만으로도
인지 능력을 저하시킬 수 있다.
사용하지 않고 주변에 두기만 해도
우리의 주의력은 분산된다.

분산시키기에 충분한 것으로 나타났다. 이것은 불과 몇 시간 전에도 내게 일어난 일이다. 이 연구에 따르면, 스마트폰은 그 물리적 존재만으로도 인지 능력을 저하시킬 수 있다고 한다.

내가 아무 짓도 하지 않았는데 어떤 것이 존재한다는 사실만으로도 나를 타락시킬 수 있다는 것은 내가 아직까지 생각도 하지 못했던 결과였다. 죄가 없는 벌은 모든 자유의지를 무효로 만들고 구원에 대한 의지를 사라지게 만들며, 희생을 부질없는 것으로 만든다. 루터의 비관주의도 이 지경까지는 이르지 않을 것이다. 우리는 이미 타락하여 죄인이 될 운명이었다. 연구를 발표한 샌디에이고의 학자들에 따르면, 서랍 속에 넣어둔 스마트폰이 (모든 음을 소거하거나 심지어 전원을 끄고 넣어둔다 하더라도) 뇌의 에너지를 고갈시킬 수 있다고 한다. 스마트폰을 건드리지 않아도 말이다. 실험의 제목은 매우 상징적이다. "두뇌 유출brain drain: 스마트폰이 있는 것만으로도 인지 능력이 감소한다" 나는 이 연구에 대해 더 많은 것을 알아야겠다는 생각이 들었다.

그로부터 몇 주 뒤, 나는 샌디에이고에 도착했다. 내가 만나야 할 사람은 그 연구의 세 저자 중 한 명인 크리스틴 듀크Kristen Duke 박사다. 그곳에 도착하자 내 머릿속 해마를 완전히 팔팔 끓여버릴 듯 뜨거운 열기가 나를 맞이해주었다. 크리스틴 듀크를 만나 가장 먼저 든 생각은 생각보다 젊다는 것이었다. 처음에는 나를 찾으러 보낸 학생인 줄 알았다. 나는 그녀가 나를 대학의 사무실로 데려가 자신이 발견한 것들에 대해 논의할 것이라고 생각했지만, 아니었다. 그녀는 나를 '두뇌 유출brain drain' 실험 때와 똑같이 꾸민 대학 실험실과 연구의 주요 단계를 재현해서 보여줄 '기니피그' 학생 그룹이 있는 일종의 세트장 같은 곳으로 데려갔다.

듀크는 학생들을 향해 말했다. "여러분 안녕하세요? 와주셔서 감사합니다. 오늘 여러분들은 실험을 하기 위해 이 자리에 있습니다. 여러분은 몇 가지 수학 문제 및 기억 문제를 풀어야 합니다." 학생들은 각각 유리 칸막이로 분리된 책상과 컴퓨터가 있는 자기 자리에 앉았다. 주어진 과제는 매우 간단한 일련의 테스트를 수행하는 것이다. 학생들이 간단한 연산 문제를 푸는 동안 각 모니터에는 기억해야 할 숫자들과 문자들의 배열이 빠르게 나타났다가 사라진다. 이것은 '작업 기억working memory'(과제를 수행하기 위해 관련 정보를 선택하고 처리하는 능력)과 '유동 지능fluid intelligence'(습득한 기술에 관계없이 새로운 문제를 추론하고 해결하는 능력)을 기반으로 인지 능력을 측정하는 실험이다. 몇몇 참가자는 스마트폰 화면을 바닥으로 향하게 해서 책상 위에 놓고 절대로 보지 말라는 지시를 받았고, 어떤 참가자들은 스마트폰을 가방에 넣어둬야 했으며, 또 다른 참가자들의 스마트폰은 아예 수거해서 실험이 끝날 때까지 치워두었다. 모든 스마트폰은 진동 없이 무음으로 설정되었다. 듀크는 실험실을 모니터링하는 '방송 조종실'에서 내게 윙크를 하고는 설명해주었다. "스마트폰을 가까이에 둔 학생들은 멀리 둔 학생들보다 과제를 잘 수행하지 못할 것입니다. 테스트 동안 한 번도 스마트폰을 사용하지 않았고 아무런 알림도 오지 않았으며 심지어 몇몇 스마트폰은 전원이 꺼져 있었는데도 말입니다."

실험이 끝나고 드디어 결과를 확인할 수 있었다. 참가 학생들은 스마트폰을 건드린 적도 없었지만 예상대로 스마트폰을 가까이에 두었던 사람의 과제 결과가 더 안 좋았다. 도대체 이유가 무엇일까? "핵심은 주의력 제어를 담당하는 자원이 다른 인지 과정에도 쓰인다는 것입니다." 듀크는 컴퓨터가 있는 실험실을 가리키며 설명했다. "그리고 그것은 제한된 자원입니다. 우리는 자신도 모르게 스마트폰을 신경 쓰게 되는데, 여기에 인지 자원의 일부를 사용한다면 다른 작업에는 그것을 사용할 수 없습니다. 결과적으로 과제 수행능력이 영향을 받게 되어 성능이 저하됩니다. 우리가 주의를 돌리는 방향과 인지 자원의 할당은 별개의 것입니다. 전자는 제어가 가능하지만 후자는 그렇지 못합니다." 그녀의 말은 나에게 강렬한 깨우침을 주었다. 나에게 해롭다는 것을 뻔히 알고 있던 어떤 생각이나 누군가에 대한 기억을 떨쳐버리기 위해 좀더 구체적인 다른 일에 집중하려고 애썼던 그 모든 노력의 순간들이 떠올랐다. 내 관심과 고통을 건강한 것에 돌리려고 안간힘을 썼던 그 숱한 순간들을 되돌아보았다. 스마트폰에 대한 인지 심리학 실험은 그러한 내 시도들이 얼마나 헛된 것이었는지를 보여주었다. 산만함을 통제한다는 것은 산만함 그 자체만큼이나 주의를 산만하게 하기 때문이다. "그저 스마트폰이 있다는 사실만으로도, 깊이 생각하고 복잡한 문제를 해결하는 능력을 손상시키기에 충분합니다"라고 듀크는 결론지었다.

내게는 이 연구가 주의력과 디지털 기술 사이의 평화로운 공존에 대한 모든 희망을 산산조각 내는 것처럼 보였다. 인스타그램에 뜨는 새로운 소식을 보지 않기 위해서는, 왓츠앱에서의 모든 대화를 차단하기 위해서는, 스마트폰을 비행기 모드로 설정하기 위해서는 엄청난 노력과 자기수양이 필요한데, 그에 대한 보상은 조금도 없으며 집중이 잘 되는 것도 아니라니! 강한 감정적 자극을 전달하도록 만들어진 스마트폰과 같은 디지털 기기 앞에서는 '선택적 집중'(다른 모든 것을 무시하면서 하나의 대상에 집중하는 능력)을 발휘하는 것이 불가능하거나 매우 어렵다는 것을 이 실험을 통해 뼈저리게 느낄 수 있었다.

듀크는 연구 프로젝트의 공동 저자인 아예렛 그니지Ayelet Gneezy의 연구실로 안내해주었다. 부교수인 그니지는 같은 내용을 두 번 반복해서 설명하지 않기 위해, 동료들이 내게 무엇을 이야기해주었는지 물었다. 그런 다음 벽에 걸어둔 뇌 지도를 보여주며 그 중 한 영역을 가리켰다. 측두엽에 위치한 계란 모양의 편도체는 상호 연결된 구조의 집합체로, 경계 감각을 관리하고 처리하는 생리적 경보 시스템이다. 불안, 두려움, 스트레스와 같은 정서적 반응을 유발하는 자극들을(스마트폰을 통해 우리에게 도달하는 자극들과 같은) 무시하는 것은 본질적으로 무시할 수 없도록 만들어진 것을 억지로 무시하는 것이다. "이것은 마치 방에서 자고 있는 어린아이가 있는데 당신은 다른 방에 있는 상황과 같습니다. 아기는 침대에 얌전히 있지만, 당신은 아기가 깨지는 않는지, 무슨 소리가 들리는지, 아기가 움직이지는 않는지 알아차리기 위해 계속 긴장하고 있지요. 스마트폰도 똑같습니다. 스마트폰은 가만히 있지만 당신은 '전화벨이 울릴까? 메시지가 올까? 누군가 나에게 전화를 할까? 내가 뭔가 중요한 걸 놓치고 있는 건 아닐까?' 생각하며 긴장을 늦추지 않습니다. 결국 끊임없이 이어지는 이런 생각들은 두뇌의 에너지를 고갈시키죠. 스마트폰이 우리에게 미치는 영향을 이해하려면 컴퓨터의 배터리를 생각하면 됩니다. 뇌는 배터리와 같고 스마트폰은 그 배터리를 소모합니다. 정확히 어느 정도나 소모하는지는 모릅니다. 그러나 최소한의 인지 노력이 필요한 작업들을 수행하기에 충분한 배터리를 남기지 않을 만큼 많이 소모합니다." 그녀는 잠시 멈추고 내가 설명을 잘 따라오고 있는지 확인하기 위해 내 눈을 응시하고는 말을 이었다. "스마트폰을 옆에 두고 냉장고에서 닭고기를 꺼내는 것처럼 아주 간단한 일을 해야 할 때는 분명 아무런 문제가 되지 않습니다. 그러나 냉장고에서 닭고기를 꺼내 포장을 뜯고 고기를 자르고 기름을 바르고 소금을 치고 양념을 해서 오븐에 넣어야 하는데 스마트폰을 옆에 두고 있다면, 우왕좌왕 길을 잃게 되기 쉽습니다."

나는 그녀가 예로 든 닭고기와 스마트폰을 떠올리며 캘리포니아대학교 샌디에이고 캠퍼스를 떠났다. 사실 닭고기야 어떻게 되든 상관없지만 스마트폰을 곁에 두지 않고 뭔가를 한다는 것은 상상도 할 수 없는 일이기 때문에, 그로 인해 내 뇌의 반응에 그리고 내 생각 회로에 무슨 일이 벌어질지 걱정이 되기 시작했다. 우리는 더 이상 돌이킬 수 없는 지점까지 와버린 것일까? 문제는 오늘날 우리가 노출되는 정보의 양이다. 기사 하나를 읽을 때마다, 페이스북 피드를 끝없이 스크롤할 때마다, 앱 하나를 선택할 때마다 진도를 나가기 위해 우리가 무시해야 하는 정보의 양은 엄청나다. 앞서 언급한 대니얼 레비틴은 다음과 같이 말했다. "이 모든 무시와 결정에는 인지적 비용이 듭니다. 일상생활에서 수많은 사소한 결정을 처리해야 한다는 것은 신경의 피로를 유발하여 정작 중요한 결정을 위한 에너지를 남기지 않게 되죠. 최근 연구 결과를 보면, 예를 들어, 볼펜으로 쓸지 만년필로 쓸지 같은 대수롭지 않은 결정들을 내리도록 요구받은 사람들은 충동 조절 능력이 떨어지고 후속 결정들에 대한 판단력이 떨어졌습니다."

집으로 돌아가기 위해 공항에 도착했다. 공항에는 수십 가지의 시각적·청각적·후각적 정보들이 나를 자극했다. "파리 행 에어 캐나다 45667편 마지막 호출입니다." "밀드레드, 서둘러, 이러다 우리, 늦겠어." 굉장히 세심하게 다듬은 검은 긴 수염을 가진, 터번을 쓴 한 시크교도의 빨간색 여행 가방. 각종 정보를 담은 다양한 표지판들. "엄마, 출발하려면 얼마나 더 있어야 되요?" "펩시를 마셔요." 골프 카트가 지나갈 때 울리는 경보음, 패스트푸드점에서 풍겨오는 튀긴 부리토 냄새, X 매장에서는 모든 스웨터 50% 할인, 태어난 지 겨우 두 달인데 벌써 만 미터 상공에 떠서 날아갈 준비를 해야 한다는 절망감에 우는 아기. 나는 머리를 가로젓고는 벤치에 앉아 긴장을 풀기 위해 긴 한숨을 내쉬었다. 이럴 때 나는 시간을 보내기 위해 인터넷에 접속하거나 구글 드라이브에 들어가는데, 대부분의 경우 비슷한 일이 발생한다. 갑자기 뭘 해야 할지 몰라 꼼짝 않고 멍하니 화면을 바라만 보고 있는 것 말이다. 일종의 인지 마비 증상이다. 정신의학에서 '정보 피로 증후군information fatigue syndrome'이라고 부르는 증상이다. 이 증후군은 정보의 과다 유출로 인한 두뇌의 피로함을 일컫는 말로, 주의력 장애를 유발하고 사고력 및 분석력에 영향을 미쳐, 중요한 것과 그렇지 않은 것을 구별하고 걸러내는 능력을 저하시킨다. 면역 체계가 제거되어 사소한 일에 대한 항체가 더 이상 생성되지 않는 것이다. 내가 정말 이 병에 걸린 것인지 아니면 단지 자기 암시 때문인지는 모르겠다. 나는 스마트폰에 저장해둔 메모들을 스크롤하다가 철학자 한병철의 예언적 성격의 소책자들 중 하나에서 발췌해둔 문장을 찾았다. "더 많은 정보가 공개될수록 세상은 덜 명확해진다. 어느 시점부터 정보는 더 이상 정보가 아니라 왜곡이며 의사소통은 더 이상 소통이 아니라 누적일 뿐이다." 그의 말은 우리의 디지털 소화불량을 완벽하게 표현하고 있다.

이 문장을 읽으면서 나는 엄청난 기억력을 갖고 있어 모든 것을 기억하며 살아야 하는 형벌을 받은 보르헤스의 소설, 〈모든 걸 기억하는 푸네스〉의 주인공인 푸네스 엘 메모리오소가 떠올랐다. 너무나 세세한 것까지 기억하는 바람에 푸네스는 어떻게 일반적

총칭인 '개'가 크기와 모양이 각자 다른 개체들을 의미할 수 있는지 이해할 수 없었고, "(측면에서 본) 3시 14분의 그 네발짐승을 가리키는 데 사용한 이름이 (정면에서 본) 3시 15분의 그 네발짐승의 이름과 동일할 수 있다는 사실에 짜증이 나는" 인물이었다. 푸네스는 결국 자신의 기억의 무게에 짓눌려 죽는다. 물론 내가 그처럼 기억에 압도되어 죽지는 않겠지만 분명 잘 살지는 못할 것 같다는 생각이 들었다. 적어도 스마트폰의 등장으로 우리가 품었던 환상적인 미래는 존재하지 않는 것 같다.

작별 인사를 하기 전에 듀크는 자신이 진행 중인 다른 연구에 대해 이야기했다. 소셜 미디어가 기억을 손상시키는 방식을 분석하는 연구였다. 만약 사람들이 여행을 갔던 도시에 대한 기억이나 특별한 에피소드를 정리해 소셜미디어에 올린다면, 그들은 그 내용을 더 잘 기억할 수 있을 것이라고 기대한다. 그런데 듀크의 실험은 정반대의 결과를 보여주었다. 사람들은 경험한 사건들과 느낀 감정들을 자신의 소셜미디어 계정에 공유할수록 그것들을 더 정확하게 기억하지 못한다. 마치 스마트폰 화면의 기억과 신경의 기억이 일치하지 않고 서로 다른 경로를 따라가는 것처럼 말이다. 문득 심리학자이자 철학자인 윌리엄 제임스William James의 말이 떠오른다. "기억의 기술은 생각의 기술이다."

역설적인 말이지만 인스타그램 스토리에는 완벽하게 어울리는 문장인 것 같다.

3

돌연변이와 진화

"똑바로 앉아!" 이것은 내 아들이 '엄마', '아빠'란 말을 배우기도 전에 제일 먼저 배운 말이었다. 나는 아들이 몸을 앞으로 구부정하게 숙이고 있는 모습을 볼 때면 호되게 야단을 친다. 아들이 축 처진 어깨를 하고 구부정하게 있는 모습을 봐 줄 수가 없기 때문이다. 이해심 많고 자상한 부모가 되고 싶지만 아들의 구부러진 척추를 보면 나도 모르게 고래고래 소리를 지르게 된다. 나는 소리지르고 아들은 짜증을(그것도 엄청나게) 낸다. 그리고 그럴 때마다 우리는 싸운다. 주기적인 리듬으로 반복되는 뻔한 레퍼토리다. 서로 별별 소리를 다하고, 후회를 하고 화해한다(늘 서로 타이밍이 맞는 것은 아니다). 그러나 며칠 뒤면 다시 시작이다. 나도 어쩔 수가 없다. 누구에게나 강박적으로 집착하는 것이 있고 내게 그것은 할머니가 가르치신 것처럼 자세를 똑바로 하고 배를 집어넣고 가슴을 펴는 것이다. 어릴 적 우리 집에는 안니발레 카라치Annibale Carracci의 그림인 〈콩 먹는 사람〉 복제품이 있었다. 힘겹고 고단한 삶에 지쳐 등이 굽은 가난한 농부의 모습이 여전히 내 머릿속에 각인되어 있다. 그래서 아들의 등이 굽으면 힘겹고 고단한 삶을 살게 될 것만 같아 나도 모르게 화를 내는 것인지도 모르겠다.

얼마 전 나는 네팔 여행 중에 친구가 찍어준 사진들을 보다가 갑자기 어떤 사진에 시선이 꽂혔다. 알다시피 사진 속 자신의 모습을 좋아하는 사람은 거의 없다. 특히 자신이 찍히고 있다는 것을 몰랐을 때는 더욱 그러한데, 대개는 본인의 모습 같지 않기 때문이다. 그러나 내 사진은 그 수준을 떠나서 충격적이었다. 내 머리는 어깨 한가운데에 쐐기처럼 박혀 있는 것 같았고 목은 거의 쇄골까지 길게 빼고서 팔짱을 낀 팔에 얼굴을 댄 채 슬픈 표정으로 스마트폰을 바라보고 있었다. 적어도 내 기억으로는 그 휴가에서 슬퍼할 이유가 전혀 없었는데도 말이다. 사진을 보면 볼수록 걱정스러운 사항들이 눈에 들어왔다. 나는 전화기 위로 그저 단순히 구부정하게 있는 것이 아니라 두개골이 거의 가슴 높이까지 내려와 몸통에 바로 나사로 고정되어 있는 것 같았다. 그로테스크했다. 그리고 몸을 앞으로 숙이고 손은 가슴에 모은 그 자세를 보니 마치 스마트폰을

몸을 앞으로 숙이고

손은 가슴에 모은 그 자세를 보니

마치 스마트폰을 신으로 모시는

신흥 디지털 종교의 여사제가 떠올랐다.

신으로 모시는 신흥 디지털 종교의 여사제가 떠올랐다. 그렇게 구부정한 모습을 아주 좋게 봐줘서 말하자면, 알을 품고 있는 황제펭귄 같았다. 남극 대륙의 긴 겨울 동안 자리에서 꼼짝도 않고 두 발 사이에 품고 있는 귀중한 알이 아직 온전한지 확인하느라 아래로 목을 길게 빼고 있는 그 황제 펭귄 말이다.

아이폰 위로 C자처럼 구부러진 충격적인 내 모습을 본 후로, 나는 지하철에서, 거리에서, 사무실에서, 해변에서, 레스토랑에서, 영화관에서 스마트폰 위로 고개를 숙이고 있는 모든 사람들을 관찰하고 마음속으로 목록을 만들기 시작했다. 새로운 표본을 모으는 수집가처럼 목록을 채워나갔지만, 사실 이 목록은 내가 그런 자세를 취하는 유일한 사람이 아니라는 위안을 주는 것 외에는 아무 쓸모가 없다. 사실 턱을 낮추고 목을 구부리고 등을 구부정하게 구부리지 않고는 스마트폰을 사용하기가 거의 불가능하다. 스마트폰은 민주주의의 원칙을 확실히 지키고 있다. 여성과 남성, 부자와 가난한 자, 청소년이든 선생님이든 상관없다. 업무용 이메일을 작성하는 데 사용하든, 어떤 질병의 증상을 알아보는 데 사용하든, 유튜브에서 고양이의 모험을 지켜보든, 인스타그램에 사진을 게시하든, 《뉴요커》의 기사를 읽든 상관없이 모두가 한결같이 똑같은 움직임으로 (마치 새로운 종교의 신도석에 무릎을 꿇는 것처럼) 스마트폰을 사용한다.

샌프란시스코주립대학교는 캘리포니아의 오래된 교육 기관 중 하나다. 해마다 3만 명의 학생들이 입학하여 미술, 심리학, 과학, 관리, 경영학 강의실로 흩어진다. 이 대학의 500개 강좌 중에는 에릭 페퍼Erik Peper 교수와 그의 동료 리처드 하비Richard Harvey 교수의 강의도 있다.

나는 스마트폰 시대의 자세 변화에 대한 조사를 하던 중에, 스마트폰의 장시간 사용이 미치는 신체적·심리적 영향에 대한 그들의 혁신적인 연구를 접하게 되었고, 그들을 만나기 위해 이곳으로 왔다. 대학 홈페이지를 검색하면서 나는 이 두 교수가 대학 내의 '전체론적 건강학 연구소Institute for Holistic Health Studies'에서 강의를 한다는 것을 알게 되었다. 이 연구소는 건강이라는 주제에 대해 기존의 틀에 얽매이지 않는 접근 방식을 제안하는 곳이었다. 내 안에 있는 합리적인 경보 시스템의 제어 장치가 울리기 시작했다. 두 연구자의 이력서는 매우 훌륭했고, 이들이 중요한 학술지에 연구결과를 발표했다는 사실이 위안이 되었지만 이번 여행에서 아무것도 건지지 못할 수도 있다는 생각이 들었다. 나는 불안한 마음으로 비행기에 탑승하러 가면서 마지막으로 친한 친구에게 문자를 보냈는데, 그가 이런 답신을 보내왔다. "네가 지금 가는 곳은 어느 날 갑자기 전화기에서 키보드를 없애버리기로 결정한 사람들이 있는 곳이라는 점을 기억해. 어리석어 보였지만 결국은 그들이 옳았잖아." 이 말에 나는 마음의 평화를 얻었고, 샌프란시스코로 향하는 비행을 즐기기로 했다.

샌프란시스코주립대학교는 미국의 주요 100개 대학 중에서도 가장 인종이 다양한 대학이며 여기에는 특정한 역사적 배경이 있다. 1960년대 말에 이 대학의 강의실들에서 미국 역사상 가장 긴(5개월) 인종차별 반대 파업이 있었던 것이다. 내가 도착한 날은 졸업식 날이었다. 주위를 둘러보니 이 도시의 아시아계 및 히스패닉계 노동계급에 속해 있는 부모님, 삼촌, 조부모님, 사촌들로 이루어진 지역사회가 총출동한 것 같았고, 졸업생들은 가족 중 처음으로 대학을 졸업한 것 같은 분위기였다. 나는 졸업하는 학생들이 그렇게 많은 미소와 포옹, 눈물을 보이고, 그렇게 많이 사진을 찍는 모습을 본 적이 없었다. 학업 과정의 완료가 아니라 해방의 날을 축하하는 자리, 새로운 삶의 시작이자 위대한 집단적 구원의 자리, 아메리칸 드림의 실현, 사회적 화합의 꿈이 이루어지는 자리에 있는 것 같았다.

페퍼와 하비가 내게 먼저 다가와서 인사를 하지 않았다면 그들을 아무 의심 없이 대학 야구팀 감독으로 착각할 수도 있었을 것이다. 페퍼 교수는 키가 크고 마른 체형에 셔츠 소매를 걷어붙인 차림이었고, 하비 교수는 보라색 스웨터에 챙이 있는 모자를 쓰고 대담한 선글라스를 끼고 있었다(해가 없는데도). 그들의 연구실로 가는 복도는 스마트폰의 사용으로 인한 무시무시한 자세를 보여주는 기괴한 갤러리 같았다. 굽은 척추, 구부정한 허리, 스마트폰 화면에 빨려 들어갈 듯한 시선 등이 담긴 사진이 걸려 있었다. 실험 결과를 내게 보여주기 위해 그들은 이론으로 시간을 낭비하는 대신, 초보적인 경험 학습을 제안했다. 그 자리에서 매우 간단한 어떤 테스트를 하는 것이었다. 그들은 나를 방 한가운데에 똑바로 서게 하고 팔을 몸과 직각을 이루도록 옆으로 뻗으라고 했다. 마치 보이지 않는 실이 머리를 위쪽으로 당기고 있는 것처럼 머리의 위치가 제자리에 정렬된 다빈치의 인체 비례도처럼 말이다. 페퍼는 내 팔을 아래쪽으로 누르면서 버텨보라고 했다. 팔다리가 긴장되기는 했지만 나는 쉽게 자세를 유지할 수 있었다. 그런 다음 그는 내 머리를 앞으로 숙이게 했다. 우리가 스마트폰을 보면서 대부분의 시간을 보내고 있는 바로 그 자세와 흡사했다. 그렇게 몇 분이 지난 뒤 그는 나에게 동일한 저항 테스트를 했는데 이번에는 팔을 누르는 힘에 저항하는 것이 전보다 훨씬 더 어려웠다. 생각해본 적은 없지만, 만약 몸이 우리에게 말을 할 수 있다면 지금 이 순간 나에게 좋은 소리를 건네지는 않았을 것이다.

"시선을 내리깔는 것은 패배와 실패의 상징입니다." 페퍼는 설명했다. "하지만 그것이 스마트폰을 볼 수 있는 유일한 방법이죠. 스마트폰을 위로 들고 보는 것은 너무 힘들고 피곤하니까요. 그래서 우리는 손바닥으로 스마트폰을 잡고 몸을 앞으로 구부립니다." 그는 스마트폰을 잡고 일상적인 채팅 제스처를 흉내 내면서 목이 어떤 형태의 압력을 받게 되는지 내게 보여주었다. "척추에 가해지는 머리의 무게는 우리가 머리를 어떻게 유지하느냐에 따라 변합니다. 양 어깨 위에서 똑바로 균형이 잡혀 있을 때 머리의 무게는 평균적으로 5킬로그램 미만입니다. 그러나 15도만 숙여도 척추에 가해지는 무게는 이미 12.5킬로그램에 이르죠. 앞으로 15도를 더 숙이면 척추에 실리는 머리의 무게는 20킬로그램이 됩니다. 60도 경사에서는 턱이 상체에 거의 닿을 정도가 되는데, 이때 무게는 30킬로그램에까지 이를 수 있습니다."

"똑바로 서 있으면 머리를 쉽게 지지할 수 있습니다." 하비가 갑자기 일어서서 내게 지구 인력의 효과를 보여주었다. "하지만 이렇게 목을 앞으로 기울이는 순간 중력이 머리를 끌어당깁니다. 그러면 머리 무게 때문에 어깨를 앞으로 내밀어 오므리고 몸을 움츠리게 됩니다. 만약 자세를 똑바로 하고 있으면 자신이 더 안전하다고 느끼게 되죠. 그리고 더 긍정적이고 더 낙관적인 생각을 하게 되는 경향이 있습니다. 반면에 몸을 구부리면 선택의 여지가 없어요. 아래를 바라볼 수밖에 없고 부정적이고 희망 없는 생각들이 훨씬 더 쉽게 파고듭니다."

나로서는 쉽게 납득할 수 없는 주장이었다. 머리를 들고 어깨를 곧게 펴는 것만으로 마음속의 허한 구멍이 자동적으로 채워진다면 얼마나 좋겠는가. 그러나 그들의 주장은 정확한 실험을 통해 얻어낸 결과였다. 하비와 페퍼는 216명의 대학생을 대상으로 기분과 자세 사이의 상관관계를 확인하는 실험을 실시했다. 지원자의 86퍼센트는 그들이 무너진(균형적이지 않은) 자세에 있을 때 부정적인 기억에 접근하기가 더 쉽다고 응답했다. 같은 실험에서 동일한 비율의 응답자가 등을 곧게 펴면 긍정적인 것들을 더 쉽게 기억해낼 수 있다고 말했다(응답에서 빠진 15퍼센트는 매우 우울한 성향의 사람들로 어떤 자세를 취하든 아무 차이도 보이지 않았다).

페퍼와 하비가 발표한 또 다른 연구는 자세 변화가 개인의 생각, 감정 및 에너지 정도에 어떻게 영향을 미칠 수 있는지 그리고 어떤 식으로 부정적인 생각이 우리의 신체 구조에 영향을 미치는지도 보여준다. 110명의 지원자에게 머리를 아래로 숙인 채 걷게 한 다음, 머리를 위로 들고 팔다리를 엇갈리게 들어올리면서 걷게 했다. 실험 결과 머리가 아래를 향하게 했을 때보다 머리를 들고 걸었을 때 참가자의 기분이 눈에 띄게 좋아졌다. 두 사람이 지난 몇 년 간 수행한 연구를 내게 보여주는 동안, 나는 그들의 이야기가 실제로 맞는지 다시 한번 생각해보았다. 따지고 보면, 신체적인 변화가 어떤 식으로든 내 생각에도 영향을 주어서는 안 될 이유는 없었다. 등을 꼿꼿이 세우고 고개를 들고 걷는 것이 등에 돌덩이를 지고 가듯 구부정하게 걸을 때와 다른 에너지를 가동시킬 수도 있는 것이다. 불교 신자들은 명상하는 동안 엷은 미소를 띠면 영혼을 미소 짓게 하는 데 도움이 된다고 주장하며, 공인된 과학에서도 이미 인체를, 신경계 또는 호르몬 경로를 통해 신체의 모든 부분을 연결하는 의사소통 언어의 통합적 단위로(해부학적 의미에서가 아니라 기능적 의미에서) 보고 있다.

외부로 보이는 모습과 내면적 상태 사이에 밀접한 상관관계는 없다고 생각할 수도 있지만, 오늘날 대기업들은 이미 관계가 있다고 결론내린 듯하다. 두 사람을 만나기 얼마 전에 나는 한 거대 다국적 기업의 인사 담당 책임자와 '초현실적인' 대화를 나눌 기회가 있었다. 이야기의 주제는 새로운 형태의 채용에 대한 것이었다.

그 회사에서는 생체 인식 컴퓨터 시스템을 채용 과정에 적용하고 있었다. 1차 심사는 사람과의 면접이 아닌, 후보자의 프레젠테이션 비디오 분석을 통해 이루어지는데, 사람의 음성이 지문처럼 다 다르듯이 각기 다른 후보자의 움직임이나 제스처 등 생물학적·행동적 특성을 기반으로 한 알고리즘에 의해 합격자와 불합격자가 걸러진다. 일단 수백만 개의 데이터를 집어삼킨 소프트웨어가 내 몽타주를 추적하고 내가 카메라 앞에서 어깨를 어떻게 하고 있는지, 머리카락을 어떻게 만지는지, 목소리를 어떻게 내는지로만 나를 판단하여 합격 여부를 선고할 수 있다는 것이 끔찍하게 느껴졌다. 나는 그 인사 담당 책임자와 만나지 않고 전화 통화를 하고 있었는데도 불구하고, 내 말의 톤을 다듬고 다리를 꼬지 않고(비언어적 소통에서 다리를 꼬는 것은 나쁜 신호로, 폐쇄성을 나타낸다고 어디선가 읽은 적이 있다) 똑바로 앉아야 할 필요성을 느꼈다.

페퍼와 하비의 연구 중 특히 나를 놀라게 한 연구가 있었는데, 그 연구는 자세 교정기와 씨름하며 보냈던 내 어린 시절을 생각나게 했다. 청소년기에 나는 몇 가지 다소 기이한 '처치'와 자가 약물 치료(그나마 가장 괜찮았던 것은 돌출귀를 교정하기 위해 귀 뒤에 합성 풀을 발랐던 일일 것이다)를 받았지만 효과가 있었는지는 의심스럽다. 그중에는 중세의 쇠사슬 갑옷 같은 착용감을 주는 다양한 버전의 탄성 밴드도 있었는데, 등을 곧게 펼 수 있도록 옷 속에 입고 다녔다(그러나 갑옷을 벗는 즉시 내 어깨는 정확하게 원래의 위치로 돌아왔다). 이 두 미국인이 스마트폰과 관련된 자세를 바로잡기 위해 고안한 장치는 내가 어릴 적 입고 다녔던 탄성 밴드의 디지털 진화 버전쯤으로 보였다. 또는 명상 중에 몸의 자세를 교정해주기 위해 등을 내리치는 데 사용하는 막대기인 경책의 앱 버전쯤으로 보이기도 했다.

그들이 만들어낸 도구는 '업라이트 고Upright Go'라고 하는데, 가격은 79달러에서 99달러 사이였다. 자석처럼 등 위쪽에 부착되고 블루투스를 통해 스마트폰에 연결되는 조그만 박스 모양의 흰색 기기다. 스마트폰을 보기 위해 고개를 숙이거나 어깨를 앞으로 기울일 때마다 이 기기에서 작은 진동이 발생하여 등을 곧게 세우도록 한다. 하루가 끝나면, 녹색과 빨간색 사람 모양의 아이콘이 우리가 직립자세를 유지한 시간과 구부정한 자세를 취한 횟수를 보여준다. 이와 유사한 기기들에 대한 정보를 인터넷에서 보았고 사람들이 마치 기적을 목격한 것처럼 열광적으로 효과를 칭찬하는 글도 읽었지만 나는 언제나 어느 정도의 회의론적 입장을 유지해왔다. 나는 이런 애플리케이션들뿐만 아니라 하루가 끝날 때 내가 스마트폰을 몇 번이나 확인했는지, 어느 소셜 미디어를 가장 많이 사용했는지, 주간 평균과 비교하여 내가 얼마나 향상 또는 더 악화되었는지 알려주는 앱들이 도무지 좋아지지 않는다(게다가 그런 것들을 알려면 스마트폰을 1분 더 봐야만 한다). 그것들은 나에게 도움을 주는 도구라기보다는 내 추락의 보고서처럼 보였다. 솔직히 말해서 이런 종류의 확인으로 뭘 할 수 있는지 잘 모르겠다. 하루에 몇 시간 동안 왓츠앱에 빨려 들어가 있었는지, 아니면 잘못된 자세로 등을 몇 번이나 구부렸는지에 대한 보고는, 감염은 진행 중인데 매일 내 체온을 측정하고 내게 고열이 있다고 확인만 시켜주는 의사만큼이나 필요치 않으니까 말이다. 문제를 인식하는 것도 중요하지만 그것만으로는 충분치 않은 것이다.

페퍼는 계속 설명했다. "직립 상태를 유지하는 것은 우리가 위험한 상황 속에 살던 시절, 포식자를 제때 발견하고 도망갈 수 있게 해주었기 때문에, 종의 시작 단계에서 살아남을 수 있게 해준 자세였습니다. 똑바로 서 있으면 고개를 자유롭게 돌릴 수 있는 반면, 화면이나 스마트폰, 태블릿 등을 보기 위해 몸을 숙이면 고개를 돌릴 수 있는 가능성이 줄어들고 눈이 피로해지죠. 거리에서 사망하는 보행자가 증가하는 것도 이런 이유 때문입니다." 디지털 기기 속에 빠져 있기 때문에 더욱 주의가 산만해지며, 눈이 더 열심히 노력할 수밖에 없기 때문에 주변 시야도 좁아진다는 이야기다. 나는 내가 하루에 34기가바이트를 소비하느라 생긴 피로감 때문에 스트레스를 받는 것이라고만 생각했지, 우리 눈의 해부학적 구조가 어떻게 관련되어 있는지는 전혀 몰랐다. 우리가 스마트폰의 메시지를 볼 때 눈은 여섯 개 외안근에 영향을 미치는 매우 정교한 운동을 하고 있다고 한다. 수평 및 수직적 움직임을 돕는 네 개의 곧은 근육과 수직적 움직임 및 옆으로 비트는 움직임을 위한 두 개의 비스듬한 근육 그리고 1,000분의 1초마다 작동하는 기어 같은 근육이 있다. 물체에 초점을 맞춘다는 것은 물리적인 관점에서 볼 때 매우 복잡하고 피곤한 작업인 것이다.

하비는 화면을 계속 응시할 때 눈에 가해지는 부담을 알 수 있도록 간단한 실험을 받게 했다. 그는 내게 한쪽 팔을 눈높이에서 앞으로 뻗고 엄지손가락을 올린 다음, 그 손가락에 초점을 맞추고는 천천히 코 가까이로 손가락을 가져오라고 했다. "눈이 얼마나 더 피로해지는지 아시겠습니까? 엄지손가락이 스마트폰이라고 상상해보십시오. 스마트폰을 응시하기 위해 눈 근육들이 어떤 노력을 해야 하는지 이해하시겠습니까? 수정체 조절근육과 외안근은 때때로 이완되어야 하는데, 이완은 일몰 같은 아주 멀리 떨어진 것을 볼 때 일어납니다." 일몰을 바라보는 명상이 주는 행복한 상태가 긴장감이 이완된 결과라기보다 안구의 근육 조직이 이완된 결과라는 것이 시적 감흥을 좀 앗아가지만, 아무튼 이해하는 데는 효과가 있었다.

디지털 기기를 사용할 때 이루어지는 몸짓들은 대부분 무의식 상태에서 일어나는 사소한 것들이지만, 신체에는 큰 영향을 미친다. "우리가 연구한 바에 따르면, 컴퓨터를 하면서 많은 시간을 보내는 사람들은 운동선수와 똑같이 목과 등 부위의 뻣뻣함과 근육통이 있습니다." 이는 태블릿을 장시간 사용하면 꾸준한 훈련을 하는 운동선수와 같은 육체적 스트레스가 생긴다는 뜻이다. 2000년대 초반에(아직 스마트폰이 등장하려면 한참 멀었던 시대에) 발표된 한 연구에서는 미국의 18세 청소년들에게서 목, 등, 어깨 통증이 발견되었다고 발표했다(여성 45퍼센트, 남성 19퍼센트). 또한 컴퓨터 작업을 하는 직장인의 30퍼센트는 손과 팔, 목, 허리에 통증이 있다고 밝혔다. 2004년 유럽직장안전보건청European Agency for Safety and Health at Work은 유럽 근로자의 3분의 1 이상이 허리 통증을 호소한다고 보고했다. 하비의 주장에 따르면, 사람들은 채팅하는 동안 취하는 자세를 인식하지 못하며 때로는 긴장을 푼다고 생각하지만 실제로는 근육을 수축하고 있다고 한다. 작은 돌연변이가 조용히 일어나고 있었다.

나는 본능적으로 내 손을 쳐다보았다. 최근 몇 달 동안 오른쪽 엄지손가락이 아팠다. 처음에는 팔뚝에서 시작한 뭉근한 통증이었는데 점차 화끈거림으로 바뀌었고 그 다음에는 감각이 없어졌다가 일종의 찌릿찌릿한 저림으로 변하더니 이제는 뻣뻣해지는 증상으로까지 발전했다. 한동안 이 통증의 원인이 무엇인지 궁금했는데, 그 답을 인터넷에서 본 한 연구에서 찾을 수 있었다. 노트북과 스마트폰의 지속적인 사용으로 인한 상지上肢 골격근 질환 증가에 관한 연구였다. 연구 대상자였던 70명의 사람들은 나와 동일하게, 힘줄에 건염腱炎 증상을 보였다. 이는 스마트폰을 들고 뭔가를 입력하는 지속적이고 자동적인 몸짓에서 비롯된 것이었다. 그 중 23명은 인도 다국적 기업의 CEO 7명을 포함한 관리직 간부들이었는데, 나는 이것을 인구의 하위층이 아니라 상위층이 걸리는 새로운 직업병의 신호로 해석했다. 물론 심각한 문제는 아닐 수 있다. 건염에 걸린 이 70명은 모두 재활치료 후 완전히 회복되었기 때문이다. 유일한 문제는 치료법이 한동안 스마트폰을 치워두는 것이라는 점이다. 어쩌면 누군가는 차라리 엄지손가락을 잘라 버리는 것이 낫겠다고 생각할 수도 있을 것이다. 나도 그런 생각을 할 때가 있으니 말이다.

"스마트폰은 진화의 함정입니다." 페퍼는 설명을 이어갔다. "메시지나 전화가 왔을 때 우리는 하던 일을 멈추고 소리 나는 쪽으로 집중을 돌려 기기에 주의를 기울일 수밖에 없습니다. 알림이 오면 두뇌가 '평온함' 모드에서 '위험' 모드로 전환되기 때문에 선택의 여지가 없는 것입니다. 그리고 위험 회로는 '빨리 뭔가를 해, 지금 당장!'이라고 말합니다. 마치 가까이에 있는 누군가가 손뼉을 치면 본능적으로 돌아보게 되는 것처럼 말입니다. 이것은 스마트폰이 뇌로 보내는 신호와 정확히 같은 방식의 신호입니다. 단지 페이스북 메시지일 뿐이라도 마찬가지입니다. 뇌의 편도체는 잠재적인 위협을 경고하도록 설정되어 있기 때문입니다." 나는 고개를 끄덕였다. 그건 이미 치버를 통해 알고 있었던 부분이다.

우리의 뇌는 표면 자극과 소음에 반응하도록 설계되었기 때문에 알림을 무시할 수 없다. 이것은 생물학적 문제인 것이다. 오래전 조상들이 숲에서 나뭇잎의 바스락거리는 소리를 들을 때마다, 하부피질 영역에 위험 신호가 전달되어 바람인지 뱀인지 확인하려고 재빨리 돌아보도록 만들어지지 않았더라면, 우리는 오늘날 이렇게 왓츠앱을 보면서 즐거워할 수도 없었을 것이다. 나는 내 머릿속에서 매일같이 일어나는 권투 경기를 상상해본다. 홍 코너에는 보라색 벨트에 노란색 반바지를 입은 전전두엽 피질이 있다. 내부 레이더이자 진화가 가장 정교하게 반영되며, 실행 기능과 의사 결정 작업 및 중요 신호의 강화와 그렇지 않은 신호의 약화를 담당하고 있는 조직이다. 청 코너에는 붉은색 벨트에 검은색 반바지를 입은 변연계가 있다. 뇌의 가장 깊숙한 곳에 자리하고 있으며, 감정 영역(두려움이나 분노 등)을 관장하는 편도체 회로다. 이것은 스마트폰에서 오는 신호를 가로채 잠재적인 위험으로 식별하고 피질 영역을 경고로 폭격한다. 스마트폰이 등장한 후로, 쉬는 시간은 점점 더 짧아지고 벨트 아래로 끊임없이 주먹을 날리는 라운드가 이어진다. 마치 내 머릿속에 30초마다 (내가 무엇을 하고 있든) 두개골을 주먹으로 때리고 소리를 지르는 마이크 타이슨이 있는 것 같다. "이봐, 메시지가 왔어. 확인해! 이봐, 조심해. 메일함에 이메일이 와 있으니 읽어봐! 이봐, 알림이 왔으니 열어보라고! 이봐, 이봐, 여기 뭔가가 울리고 있으니 조심해!" 나는 수행하는 도인들에게 이러한 상황에서도 어디 한번 집중해보라고 하고 싶다. 내면에서 끊임없이 싸움이 일어나면, 등을 꼿꼿이 세우려고 해도 잘 안 되는 것이 당연한 일임을 알게 될 것이다.

수년 전에 친구가 내게 책 한 권을 선물했다. 저자는 스코틀랜드의 괴짜 지질학자이자 고생물학자인 더글러스 딕슨Douglas Dixon이었다. 그는 1980년대와 1990년대에 자연주의자의 전문성과 소설가의 상상력을 발휘하여 인간이 사라진 수백만 년 뒤 지구에 있는 동물군의 현실적인 진화를 상상한 일련의 '사변적 생물학'을 다룬 책들을 펴내 상당한 성공을 거두었다. 제1권은 일종의 기발한 공상과학적 동물 우화집인 《인간 이후After Man》로, 1980년대 초반에 이탈리아에서도 《인간 이후의 동물들》이라는 제목으로 출간되었다. 내가 선물 받은 책은 《인간 이후의 인간Man After Man》으로 향후 500만 년 동안 인간 종이 스스로 살아남을 수 있다면 겪게 될 육체적·진화적 변화를 보여주는 일종의 '미래 인류학'이라고 할 수 있다. 거대한 엉덩이와 점점 가늘어지는 수십 센티미터 길이의 손가락을 가진 의인화된 원숭이, 극한의 심해에서 생존할 수 있을 뿐만 아니라 육지로 다시 올라올 수도 있는 젤리 같은 몸체를 가진 생물, 털과 긴 다리로 인해 늑대와 프레리도그 중간의 생명체처럼 보이며 인간의 코와 콧수염을 가진 두 발 짐승 등의 삽화들은 '과학적 근거'도 있는 것 같고 기괴하고 재미있으며 동시에 불길했다.

몇 달이 지나고, 《레푸블리카》의 홈페이지에서 '미래의 인류'의 첫 번째 여성 표본인 민디Mindy를 발견했을 때, 나는 딕슨의 책이 굉장히 창의적이었다는 생각이 들었다. 민디는 메이플 홀리스틱스Maple Holistics의 전문가 그룹과 캘리포니아에 본사를 둔 통신회사인 톨 프리 포워딩Toll Free Forwarding에 고용된 디자이너들이 공들여 만든 3D 모델로, 디지털 기기 위로 몸을 숙이는 습관이 2100년 인간의 신체에 어떻게 영향을 미칠지 예측한 인체 예상도라고 할 수 있다. 왜 자사 제품에 대한 부정적인 영향을 미치는 연구에 자금을 지원하기로 결정했는지는 모르겠다. 죄책감 때문일까? 아니면 모순 사이를 오가는(스마트폰 중독으로 만드는 소프트웨어를 생산함과 동시에 해독하는 앱을 발명하는 회사들처럼) 실리콘밸리의 이상한 열정 때문일까? 가장 가능성이 높은 것은 상업적인 이유일 것이다. 민디가 소개된 후 며칠 동안 전 세계의 절반이 이 '미래의 인류'에 대한 이야기로 떠들썩했던 것을 보면 말이다.

일요일 아침, 나는 빌라 토르로니아Villa Torlonia 박물관에 갔다. 역사의 의인과 악인, 조깅하는 사람들과 기타 연주자들, 무솔리니의 벙커와 카지나 델레 치베테Casina delle civette 위로 태양이 빛나고 있었다. 주위에는 문신을 한 울룩불룩한 팔, 쇠약한 다리, 바로크식 수염, 세리에 C 축구 선수 같은 헤어스타일, 삭발한 머리, 드러내놓은 배, 털이 숭숭 난 어깨 등 믿을 수 없을 정도로 다양한 특징을 가진 인간들이 있었다. 이 모든 것이 1970년대 에티오피아에서 발견된 320만 년 전의 오스트랄로피테쿠스 뼈 조각 더미인 루시에서 '미래의 인류' 민디까지 이어지는 사슬로 연결되어 있다고 생각해보면 좀 이상하다. 진화론자들이 설명하는 것처럼 '진화'가 반드시 진보나 발전의 의미로 이해되어서는 안 된다는 것을 알고는 있지만, 진화와는 정반대로 나아가는 것처럼 보이기 때문이다. 자연의 효율성을 판단하는 기준은 고대 그리스의 조각상을 만든 조각가들의 기준과는 다르며, 가장 좋은 신체는 그저 생존에 가장 적합한 신체일 뿐이다.

스마트폰으로 민디의 이미지를 클릭해서 확대해 보면, 군인처럼 빡빡 민 연갈색 머리에 브래지어 캡이 없는 회색 스퀘어넥 탱

크톱과 꽉 끼는 검은 바지를 입고 있다. 굽 없이 납작한 신발을 신고 있는데 확실히 목에는 좋지 않을 것 같다. 승모근의 상부 및 중부 전체 부분이 과도하게 발달되어 있는데, 그 이유에 대해 뉴욕-장로교오크척추병원의 대니얼 류Daniel Riew 박사는 "스마트폰이나 태블릿을 계속해서 사용하면 목 뒤의 상부 근육은 머리를 지탱하기 위해 수축합니다. 아래를 내려다보면 볼수록 이 근육이 더 많이 일해야 하고 더 발달하게 됩니다"라고 지적했다. 학자들이 '테크 넥teck neck"이라고 이름 붙인 민디의 짧고 굵은 목은 돌연변이의 시작일 뿐이다. 민디는 '척추 시상 변형'으로 인한 심한 흉추후만증을 앓고 있다. 간단히 말해서 민디는 꼽추다. 꼽추이기 때문에 민디는 현생 인류보다 키가 작다. 게다가 그녀의 두 팔도 스마트폰에 메시지를 입력하는 반복적인 행동 때문에 두 가지 중요한 해부학적 변화를 겪었다. 손은 키보드를 타이핑할 때의 부자연스러운 자세 때문에 맹금류의 발톱 모양으로 굳어지고, 팔꿈치는 주관절터널증후군으로 인해 직각으로 구부러졌다. 주관절터널증후군은 팔꿈치의 척골 신경이 압박되어 약지와 새끼손가락에 얼얼하고 저린 증상을 유발하는 질환이다.

그러나 민디의 가장 충격적인 변화는 시각 기관의 급격한 진화다. 두통과 생체 리듬(수면과 각성의 내적 주기성)의 불균형, 눈의 피로의 원인일 뿐만 아니라 일부 연구에 따르면 실명의 원인이기까지 한 블루라이트의 양을 제한하기 위해 민디는 호텔 객실에서 볼 수 있는 두툼한 불투명 커튼처럼 눈꺼풀 안쪽을 더 두껍게 발달시킨 것 같다. 톨레도대학교의 일부 학자들은 한 인터뷰에서 우리의 동공이 기기에서 나오는 청색광을 걸러내기 위해 별도의 내부 렌즈를 가지도록 진화할 수 있다고 주장했다. 민디의 이미지에 첨부된 기사에는 관련 내용이 명시되지 않았지만, 존 카펜터 감독의 영화인 〈저주받은 도시〉 속 아이들의 눈을 연상시키는 민디의 유백색 각막은 걱정되지 않을 수 없다.

미래학은 항상 빗나갈 위험이 있는 모험적인 학문이므로 정확하다고 볼 수 없지만 민디의 기괴한 신체에 내가 관심을 갖는 것은 그것이 우리의 두려움을 구체적으로 드러냈기 때문이다. 디지털 기기들이 인간의 신체계측 값을 실제로 변화시키고 있다는 사실에 대한 두려움은 더 이상 비밀도 아니다. 나는 미심쩍은 시선으로 내 손가락을 바라봤다. 내 친구는 팬케이크용 프라이팬 크기의 아이폰 XS Max를 하루 종일 들고 있느라 오른손이 커지고 있다고 확신했다. 나는 늘 그 말을 웃어넘겼지만, 이제는 그러한 생각이 얼마나 그럴듯한 것인지 궁금해진다. 이탈리아에서 가장 유명한 진화론자 중 한 명인 텔모 피에바니Telmo Pievani에게 그 이야기를 했더니 그는 이렇게 말하며 나를 안심시켰다. "진화는 느리고 예측할 수 없는 과정이기 때문에 우리는 매우 조심스럽게 접근해야 합니다. 그 누구도 우리가 100년 후에 어떤 모습일지 확신할 수 없습니다. 그러나 분명하게 예측할 수 있는 것은 엄지손가락의 새로운 활용입니다. 엄지손가락이 다른 손가락들과 마주 보도록 되어 있는 것은 왓츠앱 메시지를 보내기 위해 진화된 것은 물론 아닙니다.” 그러니까 100년 뒤에 큰 변화가 일어날 것이라고 예상하기는 힘들다는 것이다.

우리의 몸 전체는 신장, 치아의 위치, 게놈, 소화기 계통과 관련된 변화로 이루어진 결과물이다. 200만 년 전에 인류는 음식을 조리하는 법을 배웠고 이것은 생리를 변화시켰다. 그 때문에 지금 우리 몸에는 익힌 음식을 통해 얻을 수 있는 영양성분이 필요하다. 더 이상 불의 발명 이전 시대처럼 날 것만 먹을 수 없게 진화한 것이다. 우유도 마찬가지다. 수천 년 전까지만 해도 젖을 떼는 기간이 지나면 소화를 시킬 수 없었기 때문에 우유를 마실 수 없었다. 그러나 가축을 사육하기 시작하여 고기와 우유를 먹기 시작하게 되었고 유전적 돌연변이가 그것을 소화할 수 있게 만들었다. 영양상태가 좋아지면서 인류의 신장도 커졌다. 또한 송곳니가 짧아지고 어금니는 조상들에 비해 작아졌다. 피에바니는 200만 년 전에 인류의 식단이 (질긴 음식은 줄어들고 덩이줄기, 채소, 씨앗과 같이 좀 더 부드러운 음식으로) 바뀌었기 때문에 지금 인류가 먹고 씹는 방식이 바뀐 것이라고 설명했다. 또한 사냥 도구나 일상생활 도구를 발명한 이후로 뼈를 부수거나 골수를 먹는 것과 같은 활동에 더 이상 치아를 사용하지 않게 되면서 그 옛날 어금니 역할을 했던 사랑니가 아래턱 맨 안쪽에 자리 잡고 숨게 된 것이다. 이것은 수십만 년에 걸쳐 일어난 진화다.

그의 설명을 듣고서야 내 마음속 불안을 진정시키고 안도의 한숨을 쉴 수 있었다. 아직까지는 디지털 기기들로 인해 그 어떤 인류학적 돌연변이도 눈에 띄게 진행되고 있지 않은 것이다. 적어도 이 세대와 다음 세대와 다음 다음 세대와는 상관없는 일일 것이다.

그러나 나는 그날 저녁 아이들로 바글대는 한 피자가게에서 머릿속에 윙윙대는 생각을 완전히 잠재우기는 어렵다는 것을 깨닫게 되었다. 그 피자가게는 사람들이 가족 단위로 방문하는 전형적인 패밀리 레스토랑이었다. 신나게 떠들어도 옆 테이블의 따가운 눈총을 느낄 필요 없는 일종의 보호구역 같은 곳 말이다. 내 아이가 소리를 질러대도 옆 테이블에서는 그 집 아이 두 명이 한 의자에 올라가 울고불고 야단법석이므로 괜찮다는 기분이 드는 곳이다. 아이들의 지칠 줄 모르는 에너지와 잠시나마 쉬고 싶은 부모의 정당한 욕구 사이의 숭고한 타협이 이루어지는 장소랄까. 아이들이 어렸을 때 나도 몇 번 점심을 먹으려고 패밀리 레스토랑에 간 적이 있다. 나올 때는 마치 바로 옆에서 북을 치는 곳에 있다가 나온 것 같았다. 그런데 이번에는 들어가자마자 뭔가 이상했다. 너무 조용했던 것이다.

나는 주위를 둘러봤다. 어린아이들은 부모의 태블릿을 보느라 몸을 구부리고 있고, 좀 더 큰 아이들은 자신의 스마트폰을 보느라 정신이 없었다. 그때 메시지가 한 통 왔다. 최근 몇 년 사이에 아이들의 '스마트폰으로 인한' 후만증 사례가 700퍼센트 증가했다고 발표한 이탈리아 정형외과 및 외상학 학회의 데이터였다. 다른 테이블의 어린 생명체들을(반은 사람이고 반은 화면으로 이루어진 켄타우로스 같았다) 보고 있노라니 한창 성장 중인 아이들의 척추가 어떻게 될지 궁금해진다. 데이터에 따르면 "장기적으로는 기형적으로 자라게 만드는 상황"인 것이다. 정형외과 의사들의 주장에 따르면, 지난 10년 동안 초등학교 4, 5학년 어린이의 80퍼센트가 3세부터 스마트폰을 사용하며 보낸 덕분에 등이 굽은 '후만 자세'를 가지고 있다고 한다. 물론 어린 시절 잘못된 자세로 만들어진 굽은 등은 자세 교정 체조와 운동으로 치료할 수 있다. 단지 아이가 협조를 해준다면 말이다. 물론 하루 종일 디지털 기기에 껌딱지처럼 붙어 있어서는 좋은 결과를 기대하기 힘들 것이다.

그런데 이러한 모든 경보들이 사실 과장되어 있는 것은 아닐까? 문득 뿔에 대한 이야기가 떠올랐다. 그 뉴스가 나온 날을 정확하게 기억하는데 2019년 6월 21일이었다. 하지였고, 그날 나는 근무를 하고 있었다. 안사Ansa 통신은 네이처 그룹 저널에 발표된 새로운 연구에 대한 뉴스를 전했다. 등골이 오싹했다. 두 명의 호주 과학자가 스마트폰 때문에 우리 몸에 뿔이 자라고 있다고 주장한 것이다! 짧은 시간에 이 소식은 BBC와 《워싱턴 포스트》 및 기타 주요 신문에 실렸다. 그들이 주장한 뿔은 엄밀히 말하자면 "외후두 융기에서 오는 젊은 성인 두개골의 두드러진 외골증"이다. 즉, 잘못된 자세로 인해 척추에서 두개골 기저부로 무게 이동이 일어나서 발생하는 작은 원뿔 모양의 돌기를 말한다. 나는 그날 이것과 관련된 것들을 강박적으로 찾아 읽으며 밤을 샜다. '골근부착부', '골근부착부 석회화', '안와상 황소 융기', '시상융골', '후두골 황소 융기' 같은 생전 들어본 적도 없고 정신을 어질어질하게 만드는 용어들을 구글에서 검색하면서 말이다. 내 뒤통수 아래쪽에 아직 그 며느리발톱 같은 뼈혹이 자라나지 않았다면 아마 그날 밤에 싹이 텄을 것이다.

그 연구에는 18세에서 30세 사이에 있는 218명의 사람들이 참여했으며(샘플은 나중에 16세에서 86세까지로 확장되어 1,200개의 엑스레이 사진을 얻게 되었다) 젊은 성인의 41퍼센트가 10~30밀리미터 길이의 일종의 티눈 같은 돌출부를 발달시켰다고 한다. 학자들은 뿔이 스마트폰과 태블릿의 방대한 사용으로 인한 일탈(원문 그대로임!) 자세와 관련되어 있을 수 있다고 가정했다. 연구자들은 '젊은 성인' 인구의 골격근 건강 상태에 대해 매우 우려하고 있는 것 같았다. 나는 '젊은 성인'이라는 단어가 적절한가에 대해 잠시 고민했지만, 20세에서 35세 사이의 나이를 가리키는 데 더 적합한 용어는 없다는 것에 동의했다.

나는 과학 기술에 대한 지식도 없었고, 또 그동안 로마의 날씨가 지독하게 더워서 연구를 세밀하게 분석하여 두개골 내에서 일어나는 그 돌연변이가 얼마나 신빙성 있는지 조사해볼 수도 없었다(손가락 끝이 키보드에 쩍쩍 달라붙을 정도로 더운 날씨였다). 그저 이따금씩 고개를 숙이고 뒤통수를 손으로 더듬어 만져보면서 혹시라도 작은 돌출 덩어리가 생겼는지 확인해볼 뿐이었다. 나는 딱딱한 티눈 같은 것이 피부 아래에서 서서히 자라나 페이스북 화면을 스크롤할 때마다 부풀어 오르고, 스마트폰으로 사진을 찍을 때마다 커지고, 메시지를 보낼 때마다 그리고 알림이 올 때마다 머리 가죽을 밀고, 결국은 두피를 뚫고 나와 마침내 해방되면서 세상을 향해 "그녀도 뿔이 났다. 그녀도 뿔이 났다!"라고 소리치는 상상을 했다. 어쩌면 이 뿔은 더 넓은 수신 영역을 확보하기 위한 일종의 생물학적 안테나이거나 과잉 연결된 사람들 중에서 스스로를 돋보이게 하는 상징일지도 모른다. 그런 생각을 입 밖에 낸 적은 없지만 며칠 동안 나를 따라다녔고 가끔 나는 쌍둥이 아이들 중 한 명을 안고 머리를 쓰다듬는 척하면서 뒤통수를 더듬으며 뭔가 없던 것이 생겨나지는 않았는지 확인했다. 다행히도 그 어디에도 돌출된 뿔은 없었다.

사실 이 연구는 발표된 지 얼마 안 지나 여러 가지 이유로 사장되었다. 투명성 부족, 데이터의 신뢰성 부족, 부정확성에 대한 논란이 있었고, 논문의 두 저자 중 한 명인 샹카르Shankar의 직업이 척추 지압사여서 이해 충돌 등에 대한 비난이 일었기 때문이었다. 그러나 내가 보기에 이 연구의 신뢰도가 커피 잔에 남은 커피 찌꺼기로 점을 치는 정도의 것이라 해도, 젊은 성인의 머리 뒤에 난 조그만 며느리발톱 같은 뿔은 완전히 무시할 수 없는 어떤 경고로 보였다. 연구에 대해 찬성과 반대를 표명한 수십 가지 의견들 중에서 단 한 문장이 내 기억에 선명히 남아 있다. 연구의 다른 저자인 (이해 충돌이 없는) 마크 세이어즈Mark Sayers는 《워싱턴포스트》에 이렇게 말했다. "뿔은 다른 어딘가에서 안 좋은 일이 일어나고 있다는 징조입니다.” 기사를 작성한 기자가 지적했듯이, 세이어즈는 뿔이 물리적인 오정렬이라고 할 수도 있었고, 기술이 우리의 삶에 대대적으로 침투함에 따라 생겨난 피할 수 없는 생리학적 적응이라고 할 수도 있었을 것이다. 그러나 대신 그는 “다른 어딘가에서 안 좋은 일이 일어나고 있다는 징조”라고 말했다. 그리고 나는 그 ‘다른 어딘가’는 분명 우리의 뼈대와는 아무 상관이 없는 곳일 것이라는 느낌이 들었다.

한동안 나는 테드 토크Ted Talks 강연에 푹 빠져 있었다. 이런 강연회가 약간 의례적인 행사가 되었다고 생각하는 사람들이 있다는 것을 알고 있다. 그러나 나는 일련의 정해진 규칙을 통해 최대 18분 동안 간단하고 정확하고 매력적인 방식으로 어떤 주제에 대해 이야기할 수 있는 이 아이디어는 정신 건강에 좋은 영향을 미치며, 창의성을 키우기 위해서 주변을 돌아보는 것이 얼마나 소중한지를 생각해볼 수 있는 기회라고 생각한다. 엄격히 제한된 형식 없이 수백만 명의 사람들에게 다가가는 잘 기획된 강연들을 생각해낼 수 있을 대학 교수들이나 연구원들이 얼마나 있을지 의심스럽다(연약함의 힘에 관한 카산드라 브레네 브라운Casandra Brené Brown의 강연은 조회 수 1,200만 회를 기록했다. 레이디 가가의 동영상에 맞먹는 수치다).

나는 테드 토크 강연을 통해 샌프란시스코 캘리포니아대학교의 신경과학 명예 교수이자 뇌가 경험에 반응하여 자신의 구조를 바꾸는 능력인 ‘뇌 가소성’이라는 주제에 대한 권위자로 알려진 마이클 메르제니히Michael Merzenich를 알게 되었다. 메르제니히는 최초로 '뇌 가소성' 분야를 연구한 사람들 중 하나였다. 1968년, 대학원생이었던 그는 원숭이의 두개골에 작은 구멍을 뚫어 새로운 형태의 탐침인 머리카락 굵기의 미세한 전극을 통과시켰다. 그는 손에서 오는 감각을 기록하는 뇌 영역에 탐침을 삽입하여 뇌가 손이 느끼는 것을 어떻게 받아들여 처리하는지 자세히 보여주는 '마이크로맵'을 얻었다. 메르제니히는 같은 실험을 몇 달 동안 수천 번 반복하면서, 원숭이들의 손이 찔렸을 때의 신경 세포의 반응을 기록했다. 초반에 원숭이들의 뇌는 말초 신경계에서 오는 신호가 반복되자 그것이 무엇인지 더 이상 이해하지 못하고 혼란스러워했지만, 얼마 후 원숭이의 뉴런이 재구성되었고 신경 회로는 새로운 신경 배열과 정확히 일치하는 맵으로 재조정되었다. 신경 가소성의 존재를 증명해주는 결과를 얻었지만, 그 당시에는 젊은 메르제니히도 그것을 알지 못했다. 그 누구도 신경 가소성이 그 정도 수준으로 존재할 수 있다는 것을 믿을 수 없었기 때문이다. 수세기 동안 인간의 뇌는 인생의 초기 단계에서만 가소성을 가지다가 성인이 되면서 컴퓨터 하드웨어처럼 영구적으로 고정된다고 여겨졌다. 뇌 가소성에 대한 메르제니히의 발견은 처음에는 무시당했고 나중에는 거부당했지만 결국은 받아들여졌다. 그렇게 되기까지 학계 전체에 맞서 10년 이상 홀로 싸웠던 메르제니히의 노력은 근성과 정신력에 대한 흥미로운 사례이기도 하다.

1980년대 중반에야 비로소 그의 아이디어들이 주목을 받기 시작했다. 그의 선구적인 연구 덕분에 오늘날 우리는 뇌가 놀라운 개방형 구조로 되어 있고 지속적으로 스스로를 재구성할 수 있으며 신경 회로들 사이에 새로운 연결을 생성할 수 있는 다재다능한 시스템이라는 것을 알게 되었다. 인간은 유전적으로 변화에 적응하도록 맞추어진 일종의 프로젝트라고 볼 수 있다. 우리는 상황에 따라 수정되도록 프로그래밍되어 이 세상에 온다. 당연한 것처럼 보일 수도 있지만, 피질의 변화를 이끄는 정보는 언제나 외부에서 오는 입력과 연결되어 있다. 신경 가소성이 무엇을 의미하는지 그리고 그것이 신경학적 관점에서 무엇을 의미하는지를 시각적으로 보여주기 위해 메르제니히는 2010년 테드 강연에서 음식을 먹기 위해 도구를 사용하는 법을 배운 원숭이의 뇌 스캔을 화면에 띄웠다. 어린아이가 숟가락 잡는 법을 배우듯이 원숭이도 도구를 사용하게 될 때까지 시간이 좀 걸렸지만 결국에는 그 도구를 완벽하게 다루는 데 성공했다. 15~20개의 뇌 영역이 특정한 방식으로 변하도록 하는 데는 막대기로 먹이를 먹는 것과 같은 간단한 기계적 작업을 배우는 것으로도 충분했다. 이것은 물리적 변화일 뿐 아니라 수천만 또는 수억 개의 뉴런의 반응으로 이루어진 변화이며 외부 자극에 대한 시냅스 연결을 보여준다.

나는 메르제니히를 만나 뇌에 대해 더 알고 싶다는 생각이 들었다. 2002년부터 두뇌 훈련 소프트웨어를 개발하여 뇌 병변 장애가 있는 사람들을 돕고 있는 그의 회사 포지트 사이언스Posit Science에서 만나기로 약속을 잡고, 몇 주 후에 그가 있는 곳으로 갔다.

그곳은 30명 이상의 컴퓨터 과학자들이 근무하고 있음에도 불구하고 내부에는 파리 한 마리 날지 않는 듯 고요했다. 길쭉하고 조그만 메르제니히의 사무실은 소박했고 벽에는 뇌 모양의 섬을 나타내는 지도가 걸려 있었다. 컴퓨터로 작업 중이었던 메르제니히는 내게 앉으라고 손짓을 하며 기다리게 해서 미안하다고 상냥하게 말을 건넸다. 그는 둥근 얼굴에 얇은 테의 안경을 쓰고 있었으며 미소를 짓고 있었다. 그는 나를 배려하여 너무 전문적인 단어는 조심스럽게 피하고 명확하고 차분한 방식으로 대화를 이끌었으며, 혹시 내가 이해하지 못했다는 의심이 들면 참을성 있게 반복해서 설명해주었다. 심지어 개념을 표현하기 위해 사용한 은유가 충분히 효과적이지 않거나 자신의 답변이 너무 장황했다 싶으면 당황하기까지 했다. 그는 과학과 철학 그리고 인류에 대한 무한한 사랑을 가진, 과학자란 단어가 갖던 고대의 그 의미 그대로의 과학자였다.

메르제니히는 신경 가소성의 기본 개념에 대해 우리가 하거나 하지 않는 모든 것이 뇌를 구조적으로 변화시킨다는 것이라고 설명했다. 우리의 모든 몸짓과 선택, 조용한 방에서 책을 읽는 것, 네트워크의 혼돈과 소음 속에서 빠르게 정보를 탐색하는 것, 영화, 주고받는 메시지, 곁에 두고 싶은 사람들, 느끼거나 포기하는 감정 같은 모든 것이 그에 해당한다. 뇌는 우리가 살고 느끼고 경험해왔던 것이 내놓은 생물학적 답변인 것이다. 요컨대, 형태학적·전기화학적 관점에서 우리는 곧 우리가 하는 일이다.

메르제니히는 다음과 같이 설명했다. "뇌의 특이성은 그 부피나 870억 개의 신경 세포에 의해 결정되는 것이 아니라, 뉴런들이 스스로 생성하고 또 경험에 따라 끊임없이 변화하는 수많은 연결에 의해 결정됩니다." 우리의 뇌는 마치 부드러운 밀랍 덩어리인 것처럼 지속적으로 리모델링이 이루어지는 것 같다. 뇌의 가소성에 대한 그의 의견은 나를 매료시키는 동시에 불안하게 했다. 우리가 경험을 하거나, 새로운 능력을 얻거나, 그 능력을 향상시킬 때마다 두개골 속에 있는 기계는 스스로를 개조한다. 그것은 각각의 새로운 기술 학습의 기초가 되는 과정이다. 여기까지는 좋다. 그러나 문제는 정반대로도 적용될 수 있다는 것이다. 즉, 우리가 일부 신경 회로의 사용을 포기하면 해당 회로를 잃게 된다. 우리의 정신을 지배하는 것은 가차 없는 신경학적 원리인 것이다. 원리는 단순하다. "쓰지 않으면 잃는다." 일단 뇌가 새로운 신경 경로로 재조정되면 되돌리기가 매우 어렵다고 메르제니히는 말했다. 뇌에는 플라스틱 같은 가소성이 있지만 신축성은 별로 없는 것이다.

"뇌는 우리가 어떻게 작동시키느냐에 따라 물리적·기능적 관점에서 변화합니다. 우리가 살아 있는 한, 언제든지 바꿀 수 있습니다. 양방향 방식으로 가소성을 가지기 때문에 부정적이든 긍정적이든 변화할 수 있는 것입니다. 중요한 것은 모든 행동이 신경 회로의 구조를 수정하기 때문에 어떤 행동도 중립적이지 않다는 것을 이해해야 합니다." 결론은 분명하다. 장애물을 제거하고 큰 숫자의 계산 단계와 사고의 단계를 컴퓨터에 위임하는 것은 우리의 삶을 단순하고 빠르게 해주지만 뇌에도 영향을 미친다. 인간의 기능을 기계가 대신할 때마다 우리의 삶에서 그리고 뇌에서 어떤 능력이 제거되는 것이다. 메르제니히는 일어나서 방안을 걷기 시작했다. “구체적인 예를 들자면, 뇌는 물리적 환경에서 안내자 역할을 하도록 만들어졌습니다. 하지만 오늘날 우리는 아는 곳이든 모르는 곳이든 어떤 장소에 가기 위해서는 항상 구글 지도에서 경로를 살펴봅니다. 듣고, 지시를 기다리고, 앞으로 가고, 때로는 우리가 어디에 있는지조차 모르기도 합니다. 그러나 그렇게 구글 지도나 네비게이션에 의존함으로써 우리의 뇌는 더 이상 공간을 재구성하고 스스로 방향을 정하는 도전을 하지 않게 됩니다. 30년 전에 비해서도 많이 달라지고 천 년 전에 비해서는 이루 말할 수 없이 달라진 신기술은 이미 우리의 뇌에 물리적 변화를 만들어내고 있습니다.”

나는 뇌 모양의 지도를 바라봤다. 혹은 지도 같은 뇌인지도 모르겠다. 그때 하이퍼커넥션에 대한 수많은 책들에서 여러 번 인용된 아주 유명한 연구가 머릿속에 떠올랐다. 세계에서 가장 유명한 택시 운전사인 런던의 택시 운전사들에 관한 것으로, 이들은 네비게이션의 도움을 받지 않고 손님을 가장 짧은 시간 내에 런던의 모든 거리, 음식점, 가게, 숙소까지 데려다준다. 영국의 수도에서 검은색 택시를 운전할 수 있으려면 단순히 운전 기법과 노선에 대한 것만이 아닌 까다로운 시험에 합격해야 한다. 그들은 그 시험을 ‘지식’이라고 부른다. 시험에 통과하려면 런던의 지도가 뇌에 이식

인간의 기능을

기계가 대신할 때마다

우리의 삶에서 그리고 뇌에서

어떤 능력이 제거되는 것이다.

되어 있어야 한다. 채링크로스 역에서 반경 6마일 이내에 있는 지역의 기본 경로 320개, 거리 2만 5천 개, 거점이 되는 주요장소 약 2만 개를 외워야 하는 가히 비인간적인 노력은 택시 운전사의 신경망을 물리적으로 바꿔놓는다. 2000년에 런던대학교는 택시 운전사의 뇌 스캔과 일반인의 뇌 스캔을 비교한 연구를 발표했다. 택시 운전사들의 뇌에서 공간 기억을 담당하는 영역인 해마가 일반인보다 더 크다는 것이었다. 시험에 합격하기까지는 2년에서 4년이 걸리는데, 경로를 공부하는 데 보낸 그 모든 시간이 그들의 뇌를 변화시킨 것이다. 이 연구는 우리의 생각이 기능적 MRI로 추적할 수 있는 생물학적인 어떤 것일 수 있다는 점을 밝혀냈다.

나는 메르제니히의 말을 들을수록 점점 더 두려워지는 나 자신을 발견했다. 사실 나는 디지털 기기에 대한 걱정을 덜어줄 누군가를 찾기 위해 여기 온 것인데, 지금은 그에게 미래에 대한 예측을 묻는 것이 무섭기까지 했다. 내가 정말로 그의 대답을 듣고 싶은지 더 이상 확신이 없었다. 내가 그런 고민을 토로하자 그는 갑자기 아주 진지한 태도로 신기술 사용으로 인한 신경학적 결과에 대해 책을 쓰기 시작했지만 중단할 수밖에 없었다고 고백했다. 그의 아내조차 아무도 믿지 않을 테니 그만 두라고 충고를 했고, 그 스스로도 계속할 용기가 없었다는 것이었다. 그는 머리를 만지며 말을 이어나갔다. "우리는 머릿속에서 무슨 일이 일어나든 괜찮다고 생각하는 경향이 있습니다. 뇌를 갖고 있기만 하면 건강할 것이라고 생각합니다. 하지만 그렇지 않습니다. 뇌라는 기계의 건강상태와 행동의 결과로 인한 변화들 사이의 상관관계에 대해 정확히 아는 사람은 없습니다." 그는 책상에 한쪽 손을 기대더니 펜을 집어 허공에 휘두르며 설명했다.

일부 심리학자들은 사람들의 추론 능력을 분석하면서 사람들의 절반에 가까운 숫자가 더 이상 논리적인 용어로 생각하지 못하며, 이는 부분적으로 우리가 답을 찾으려고 스마트폰을 향하는 속도와 관련이 있다는 것을 발견했다고 한다. 스마트폰에서 찾은 것을 기억하기만 할 뿐, 더 이상 논리적 사고를 하지 않는다는 것이다. "예전에 우리는 해답이 어디에 있을지, 어떻게 생각해야 할지, 아니면 어떤 것의 가치는 무엇인지 등에 대해 일생 동안 몇 백만 번이나 추론했을 것입니다. 그런데 지금은 인터넷에서 즉시 해답을 구합니다. 이것은 우리가 이성을 행사할 기회를 잃는다는 것을 의미합니다. 사고하는 기계인 뇌에는 아주 귀중한 연습인데 말입니다. 그런데 우리는 계속해서 사고하는 기계이기를 원하죠."

메르제니히의 말을 듣다 보니, 예전에 나를 놀라게 했던 이야기가 생각났다. 나는 가방에 넣고 다니는 수첩을 꺼내 뒤적여, 예전에 적어놓았던 메모를 찾아냈다. 이탈리아의 경제 및 법률 관련 학문의 성지인 보코니대학교에서 2018년 9월부터 모든 1학년 수강생(약 2천여 명)에게 '비판적 사고' 강좌를 필수과목으로 개설한다는 내용의 메모였다. 그 과목을 담당한 철학과 교수인 다미아노 카날레Damiano Canale는 다음과 같이 말했다. "요즘 대학생들은 더 이상 넓은 의미에서의 추론에도 익숙하지 않고 논증하는 방법도 모릅니다. 이것은 학생들이 온라인상에서 보내는 시간과 관련이 있어요. 그들은 머릿속에 아이디어가 있어도 더 이상 논리의 규칙을 모르기 때문에 그 아이디어를 구조화하지 못합니다. 구두시험이나 글로 쓴 논문을 살펴보면 그러한 경향을 아주 잘 볼 수 있습니다. 물론 누구나 추론을 할 때 오류를 범할 수 있습니다. 하지만 보통은 그 오류를 스스로 알아차리죠. 그런데 이 학생들은 오류를 인식하지도 못합니다. 더 이상 그런 것에 익숙하지 않아서 비판적으로 사고하는 능력이 약해졌고, 중요한 것과 그렇지 않은 것을 구별해낼 수 없게 되었습니다. 아예 필터링하는 방법을 모르는 것입니다." 사람들은 답을 찾으려 인터넷에 들어갔다가 폭포같이 쏟아지는 단어들과 암시, 수많은 링크와 트윗, 게시물 사이트들에서 빠져나가지 못한다. 해답은커녕 어떤 아이디어를 구축할 만한 최소한의 사실도 건지지 못한 채 말이다.

메모를 다시 읽어보니 "더 이상 익숙하지 않다", "더 이상 훈련되어 있지 않다", "힘겨워한다"와 같은 말에 몇 번이나 동그라미를 쳐놓은 것을 발견할 수 있었다. 오늘날의 아이들은 인지 능력 회복의 길로 들어서기 위해, 사고하고 경청하도록 다시 프로그래밍되어야만 할 것 같다. 카날레는 다음과 같이 덧붙였다. "학생들은 더 이상 다른 사람들의 의견을 논리적으로 반박하지 못합니다. 왜냐하면 더 이상 다른 사람들의 말에서 어떤 부분이 논리적으로 말이 안 되는지 식별해내지 못하기 때문입니다. 그들의 뇌에는 그런 도구가 없습니다. 오늘날 인터넷에서는 캐치프레이즈 같은 문구나 공격성, 언어폭력 같은 것들에만 주목합니다. 이와 같은 환경에 의해 사고하고 추론하는 능력이 비활성화된 것으로 보이는 학생들의 머리가 제대로 기능하는 것을 돕기 위해 우리는 이 강좌를 필수과목으로 한 것입니다."

수첩을 덮고 다시 메르제니히와의 대화에 집중했다. "우리는 뇌의 중요한 경로들을 잃었을 뿐만 아니라 뇌를 쓸데없는 일에 단련시키고 있습니다." 그는 모든 단어를 또박또박 힘주어 말했다. "스마트폰을 사용하게 된 이후로, 우리는 매일 수백 개의 입력과 지속적이고 사소한 선택을 처리해야 합니다. 사실 대부분은 중요하지 않은 것들이죠. 그러면서 우리는 뇌가 중요성에 관계없이 제한된 수의 결정을 내릴 수 있도록 설정되어 있다는 것을 깨닫지 못합니다." 우리는 스스로 필요한 것과 필요하지 않은 것을 골라낼 수 있다고 확신하지만, 신경망이 과부하되면 우선순위를 구별하기가 힘들어진다. 페이스북의 상태 업데이트나 트윗들, 친구가 보내는 문자 메시지는 모두 뇌 속에서 더 중요한 일들과 경쟁을 벌이고 있는 것이다.

인터넷에 지속적으로 연결된 삶에서 무엇인가가 인식될 때 그 문턱에서는 많은 일들이 일어난다. 그것들이 경험의 일부로 처리되기 위해서는 많은 주의를 기울여야 한다. 보통 사람들은 두 사람이 동시에 말하는 것을 간신히 이해할 수 있을 정도의 뇌 대역폭을 가지고 있다. 그런데도 우리는 마치 뇌가 동시에 모든 것을 처리할 능력이 있는 것처럼 끊임없이 수십 개의 사이트를 클릭하고 수백 개의 메시지를 작성한다.

메르제니히 교수는 체념한 투로 대화를 끝맺었다. "인터넷에서 읽는 정보들은 쓸모없고, 기만으로 가득 차 있고, 편파적이며, 통제되고, 협소한 관점의 것들입니다. 그것들은 대부분 의미 없는 것들이죠. 문제는 디지털 기기를 이용함으로써 발생하는 문제들이 기술의 이점을 넘어서는 시점이 언제인가 하는 것입니다. 우리에게 이익이 되는 기술이 파괴적인 방식으로 인간으로서의 가치를 떨어뜨릴 지점은 반드시 존재하는 것이니 말입니다. 어쩌면 이미 그 지점을 통과했을지도 모릅니다."

집으로 돌아와 보니 아들이 태블릿 위에 몸을 구부리고 뭔가를 들여다보고 있다. 나를 본 아들은 잽싸게 태블릿을 내 눈에 띄지 않게 치웠다. 그러나 이미 늦었다. 나는 "네 척추를 생각해라. 그 그림속의 곱추처럼 되고 싶으냐"라며 늘 하던 잔소리를 시작하려다가 멈추었다. 오늘만큼은 아들과 적대적인 분위기를 만들고 싶지 않았다. 나는 크게 심호흡을 하고 내 심장에 아들의 심장박동이 느껴질 정도로 아들을 꼭 껴안아주었다. 어차피 우리 모두 맹금류의 발톱 같은 손과 텅 빈 머리를 가진 괴물 같은 생명체가 되고 말 것이라면, 지금은 서로를 꼭 껴안는 편이 낫다는 생각이 든다. 적어도 오늘 저녁만큼은 아들과 사이좋게 지내야겠다.

4

기억을 잃는다는 것

아이폰이 공중에서 빙그르르 돌더니 둔탁한 소리와 함께 뚝 떨어졌다. 화면 표시등이 갑자기 꺼졌다. 이것은 아주 나쁜 징조다. 아이폰이 죽어버렸다. 평범하게 공중을 날았을 뿐인데(액정이 깨지지도 않았을 정도로) 불은 더 이상 들어오지 않았다. 인생과 마찬가지로 가장 어리석은 추락은 치명적인 추락이 되고 가장 고통스러운 타격은 생각지도 못했을 때, 자신을 방어할 준비가 전혀 되어 있지 않을 때 오는 법이다.

나는 친구 클라우디아와 함께 지구 반대편에서 '툭툭이' 택시를 탔다. 낯선 곳에서는 스마트폰이 산소마스크라도 되는 양 꽉 쥐고 다니게 마련이다. 낯선 곳에서는 여행자용 심 카드와 15기가바이트 이상의 데이터패키지가 있어야만 살아남을 수 있기 때문이다. 현지인과 상호작용하고, 무엇보다도 거리 이름들이 죄다 '좀 더 저쪽에'라는 뜻의 이탈리아어 발음인 "운, 뽀, 쀼, 인, 라"처럼 들리기 때문에 구글 지도에서 눈을 떼지 않으려면 그럴 수밖에 없다. 몇 분 전까지만 해도 아이폰은 그 임무를 훌륭하게 수행하고 있었다. 몇 시간 동안 우리를 안내하며 에어비앤비로 예약해놓은 숲속 한 가운데에 있는 집으로 데려다주었다. 툭툭이 운전사 혼자서는 아무리 찾고 싶어도 결코 찾아내지 못했을 곳이었다(같은 자리를 계속 뱅뱅 돌기만 했을 때부터 진즉에 자신도 그걸 깨달았을 것이다. 인내심이 바닥난 내 친구가 전화기를 들고 폭풍우 속을 헤치고 나가는 배의 조타수같이 방향 지시를 시작하기 훨씬 전부터 말이다).

친구의 손에서 스마트폰이 날아간 것은 억수같이 퍼붓는 빗줄기를 뚫고 구멍투성이에 중간중간 끊어진 도로를 달리던 그 위태로운 여정 중에 일어난 일이 아니었다. 숙소 앞 광장에 도달해 우리가 안심하고 툭툭이에서 내리는 순간 스마트폰이 친구의 손에서 미끄러진 것이다. 그 누구의 잘못도 아니었다. 그저 숙소에 도착했다는 안도감에 잠시 한눈을 팔았을 뿐이었다. 다른 때 같았으면 '엄청나게 짜증나는 일' 정도로 끝났을 수도 있겠지만, 지금은 별도 달도 없는 한밤중이었고, 내 집으로부터 몇 시간이나 시차가 벌어진 낯선 곳이었다. 누군가 그녀를 향해 저주를 날린 것이 아닐까 싶은 정도로 불길한 사건이었던 것이다. 게다가 스마트폰의 추락으로 입은 피해도 막심했다.

이런 순간에는 그 어떤 단어도 위로가 되지 않고 적절하지도 않다는 것을 잘 알기 때문에 나는 입을 꾹 다물었다. 우리는 말없이 외과의사라도 된 것처럼 전화기를 되살리기 위해 최선을 다했다. 먼저 전원 버튼과 홈 버튼을 동시에 누르고 메시아의 재림을 기다리는 신도처럼 애플 로고가 나타나기를 기다렸다. 그런 다음 복구의 징후가 나타날 경우를 대비하여 한 시간 동안 기기를 충전 상태로 두었고(내가 가져온 노트북을 통해 찾아본 수십만 개의 복구 지침 중 하나에서 제안한 대로) 그 곁을 떠나지 않았다. 마지막으로 우리는 지푸라기라도 잡고 싶은 심정으로, 스마트폰을 매킨토시 노트북에 연결했다. 일종의 혈족 간의 골수 이식이라도 기대했달까. 그러나 아무 일도 일어나지 않았고 친구의 스마트폰은 딸꾹질 한 번 하지 않았다.

아이폰은 죽어버렸다. 그 지역에서는 마이크로칩과 프로세서 전문가로 최고라는 다라 시장Dara Market의 전자상을 찾아갔는데, 손바닥만한 가게의 여주인은 분명한 고갯짓과 함께 "노 워크No work"라는 간결한 영어로 친구의 스마트폰에 사망을 선고했다. 그녀는 스마트폰을 성공적으로 고쳤을 경우에만 비용을 받겠다고 했는데, 결국 작업에 여러 시간을 들였음에도 스마트폰은 소생하지 못했고, 키프(라오스 화폐단위) 한 푼도 요구하지 않았다. 작동하지 않으니 보수도 안 받겠다는 것이다. 그녀는 정직했고 단호했다. 스마트폰을 살릴 희망은 사라졌다.

스마트폰의 '치명적인 추락' 이후 며칠이 지나자 친구의 분노는 점차 체념으로 바뀌기 시작했다. 스마트폰의 모든 메모리가 지워졌기 때문에 그녀는 돌이킬 수 없는 손실을 입었다. 연락처와 각종 생각을 정리해놓은 메모, 그동안 찍은 사진과 동영상, 저장해둔 패스워드와 액세스 코드, 왓츠앱에 저장된 것들, 프로젝트들, 개인정보, 업무 관련 자료, 애플리케이션 등등 인생을 채우고 있던 수백만 개의 삶의 낱알들이 사라졌다.

내 친구가 머릿속에 기억하고 있는 전화번호는 안타깝게도 지금은 거의 필요가 없는 두세 개뿐이었다. (마음속으로 매일 같이 전화를 거는) 얼마 전 돌아가신 어머니의 전화번호와 지금은 병원에 입원해 계셔서 전화를 받을 수도 없는 아버지의 전화번호였다. 마지막으로 제일 필요없는 번호는 고등학교 때 사귀었던 남자친구의 집 전화번호였는데, 지금은 더 이상 그곳에 살고 있지도 않을 것이 확실했다. 그때는 사회생활을 이어가고 싶다면 숫자를 끝없이 외워야 하는 시대였다. 내 친구는 시장에서 수리공 샤먼이 핀 번호를 물었을 때 그 번호를 기억해내는 것도 어려워했다. 아이폰을 잠금해제하기 위해 하루에도 수백 번씩 입력하는 그 여섯 자리 숫자 말이다. 그녀는 자신의 모든 촉각과 시각적 기억을 총동원하여 겨우 그 숫자를 기억해낼 수 있었다.

게다가 그날 이후의 예약들도 모두 그녀의 에어비앤비 앱에 등록되어 있었기 때문에 여행도 위태로워졌다. 다른 스마트폰에 앱을 다시 설치하려면 죽은 스마트폰의 마이크로칩에 묻혀 있는 비밀번호가 필요했다. 우여곡절 끝에 마침내 새 기기에 애플리케이션을 다시 설치하는 데 성공했고, 해당 회사에서는 모든 것이 정상적으로 예약되어 있으며 데이터에 새로 액세스하기 위한 보안 코드를 즉시 보내주겠다고 했다. 다만 유감스럽게도 한 가지 세부사항이 발목을 잡았다. 이미 죽어버린 그 스마트폰의 번호로 보내줄 것이라는 점이었다. 아이고, 아멘!

그렇게 며칠 동안은 새로운 희망과 좌절이 교차되며 지나갔다. 나는 지켜보는 것 외에는 아무것도 할 수 없었다. 내 친구는 묵주를 세며 기도를 드리듯 세상을 떠난 사랑하는 스마트폰의 기능들 하나하나에 기도의 후렴구를 낭송하기 시작했다. 클릭 몇 번으로 집세를 내는 것도, 은행 계좌를 확인하는 것도, 엔조이Enjoy(카 셰어링 업체)에서 자동차를 예약하는 것도, 인터넷 신문을 읽는 것도, 사업을 예약관리하는 것도 오라 프로 노비스ora pro nobis(우리를 위해 기도해주소서라는 뜻 - 역자주)! 그런 그녀를 지켜보면서 나는 마음속으로 이렇게 생각했다. '제일 좋은 것들이 제일 먼저 떠난다는 말은 사실이었군.'

메콩 강가의 난간에 기대어 수평선을 바라보다가 친구는 이렇게 말했다. "문제는 우리가 얼마나 이런 물건들에 삶을 맡기고 있는지 깨닫지 못한다는 거야." 나는 흠칫 놀라며 그녀의 고백을 경청했다. 내가 아는 가장 정확하고 주의 깊고 실용적인 감각을 갖춘(지난 며칠 동안 그녀는 잃어버린 것들의 일부를 조금씩 복구하는 데 성공했다. 나 같으면 절대로 그렇게 못했을 텐데) 사람에게서 나온 말이기 때문이다. "클라우드에 저장해둔 것이 있긴 했지만 전부는 아니야. 업데이트를 했어야 했어. 그리고 내가 간직하고 싶은 가장 소중한 것들은 어딘가에 옮겨 적어 두기도 했어야 했는데 그러지 않았어. 내 업무는 전화로 하는 거니까 스마트폰에 메모하고, 거의 자동적으로 스마트폰에 계속 기록하게 된 거지. 그런데도 이 스마트폰이 언제라도 나를 무력하게 만들 수 있다는 생각은 절대 하지 않았던 거야." 친구는 난간에서 멀어지면서 말을 계속했다. "그래도 이 기기들이 우리의 삶을 쉽게, 그것도 아주 많이 쉽게 만들어준다는 사실은 변치 않는 것 같아." 며칠 동안의 '디지털 단식'에도 기술에 대한 그녀의 믿음은 조금의 상처도 입지 않았던 것 같았다. "물론 누군가가 주장하듯이 스마트폰 없이도 살 수 있지만, 그건 어떻게 살고 싶으냐에 달린 것 같아. 스마트폰으로 더 나은 삶을 살 수도 있고 말이야. 간단해. 원한다면 로마에서 대만까지 걸어서 갈 수도 있지만 비행기를 타면 더 빨리 가잖아." 나는 그녀의 이야기에 반박할 수 없었다.

우리는 스마트폰이 주는 편리함에 익숙해져서 더 이상 스마트폰을 있는 그대로 볼 수 없게 되었다. 스마트폰은 마법의 상자지만 깨지기 쉬우며 다른 모든 기술적인 물건들이 그렇듯이 작동을 멈추기도 한다. 기술의 발전으로 인공기관들이 우리의 장기를 대체할 수 있게 되었듯이 디지털 기기들은 수십만 년 동안 우리의 GPS이자 기억 저장소 역할을 해온 (바다의 해마 모양을 한) 내측 측두엽의 영역인 해마까지도 대체할 수 있게 되었다. 우리는 이 세상을 하직하는 것에 대해 생각하며 하루를 보내지 않는 것처럼 스마트폰의 물리적인 죽음에 대해서도 역시 생각하지 않는다. 사람은 언젠가 죽는다. 우리는 그 사실을 알고 있지만 그것에 대해 생각하는 것을 즐기지 않을 뿐이다.

그래서 타인의 죽음은 종종 자신의 삶에 대해서도 생각하게 한다. 디지털 기기도 마찬가지다. 친구의 스마트폰이 사망한 후, 나도 기기들을 한 번도 백업한 적이 없다는 사실이 기억났다. 클라우드 시스템에 구멍이 많다고 불신했기 때문도 아니고, 내 기기들은 절대 고장나거나 떨어뜨리지 않을 것이라고 여길 정도로 내가 운이 좋다고 생각하기 때문도 아니었다. 내가 백업을 하지 않은 이유는 그저 너무 게을렀기 때문이다. 그래서 나는 다른 사람들처럼 후회를 많이 한다. 예전에 기차에서 쌍둥이 아이들의 출생부터 중학교 시절까지의 모든 사진을 넣어둔 노트북이 들어 있는 배낭을 잃어버릴 뻔한 적이 있었다(배낭은 나중에 기차 청소 업체 직원들에 의해 발견되었다. 정말 고마운 분들이다). 그때 나는 적어도 8개의 백업 파일을 만들지 않고는 다시는 내 인생을 외부 장치에 맡기지 않겠노라고 스스로에게 맹세했다. 짐작할 수 있듯이, 그 '다시는'이라는 맹세는 작심삼일, 아니, 또 한 번의 클릭을 하게 될 때까지의 시간밖에는 지속되지 않았다. 디지털 나태로 돌아가, 백업할 시간이라고 따박따박 알려주는 메시지가 떴을 때 클릭 한 번으로 무시할 때까지의 시간 말이다.

열대 지방에 비가 올 때는 이렇게 비가 와도 되나 싶을 정도로 비가 많이 내리는 날들이 있다. 기름지고 끈적끈적한 비가 내리는 그 긴긴 날들은 결코 끝날 것 같지 않고, 낮은 밤으로 바뀌었다가 어느새 다시 낮으로 돌아온다. 그런 날들은 때로는 몇 주가 되기도 한다. 그럴 때 슬픔에 압도되지 않으려면 행복을 지켜줄 단단한 보호막이 필요하다. 메콩 강 바닥에 묻힌 우울한 생각들은 순식간에 수면 위로 떠오르기 때문이다. 시내로 거처를 옮기기로 결정한 친구가 숲속의 집에 나를 혼자 남겨두고 떠난 며칠 동안, 내 보호막은 몇 년 동안 여러 책에서 뽑아 스마트폰의 메모란에 옮겨 기록해두었던 구절들이었다. 젊었을 때부터 가지고 다녔던 문장과 구절들은 내 머릿속에서 그것을 뽑아온 책과 동일시되었다. 예를 들어, 레몽 크노Raymond Queneau의 소설《푸른 꽃》같은 책이다. 까마득한 옛날에 읽은 책이기 때문에 격정적인 도입부를 제외하면 자세히 기억나지는 않지만, 그 부분만큼은 여러 번 외우려고 노력했었다.

1264년 9월 25일 새벽, 오주 공작은 역사적 상황에 대해 잠시 생각을 정리하기 위해 성탑 꼭대기에 올라갔다. 상황은 불분명해 보였다. 뒤죽박죽된 지난날의 잔해가 여기 저기 흩어져 있었다. 훈족 한두 명이 근처 개울가에 진을 쳤다. 멀지 않은 곳에서는 갈리아족(아마도 에우데누스족) 한 명이 서늘한 물살에 과감하게 발을 담그고 있었다. 수평선에는 꼿꼿한 로마인, 덩치 큰 사라센인, 늙은 프랑코인, 미지의 반

달족 몇몇이 희미한 윤곽을 그리고 있었다. 노르만인들은 칼바도스를 마시고 있었다.

나는 마지막 줄을 다시 읽으면서, 내가 여러 번 저녁 초대 자리에 갈 때면 사 갔던 것으로, 늘 괜찮은 반응을 얻었던 칼바도스가 어디에서 왔고 왜 그렇게 부르는지 궁금해한 적이 없다는 것을 깨달았다. 그저 사과로 만든 일종의 브랜디라는 것만 알고 있었다. 나는 이 유명한 증류주에 대한 정보를 찾기 위해 인터넷을 뒤졌다(비오는 밀림의 지루한 하루는 호기심을 파고드는 데 도움이 된다). 칼바도스가 생산지인 남부 노르망디 지방의 칼바도스 데파르트망에서 이름을 따온 것이라는 명백한 사실을 발견한 뒤, 나는 노르망디 주 홈페이지로 들어가 관련 정보를 훑어보았다. 그리고는 또 다른 사이트로 이동하며, 카망베르의 부드러운 질감과 곰팡이가 핀 껍데기에서 몽생미셸 섬의 조수 시간이 적힌 달력과 경치를 잘 감상할 수 있는 명소까지(그곳과 9,500킬로미터 떨어져 있는 내게 우선순위를 가진 장소는 아니었지만, 최신 정보를 갖고 있다는 것은 늘 유용하니까) 온갖 사이트들을 섭렵했다. 결국 나는 1944년 6월 6일의 역사적인 상륙 작전이 펼쳐진 절벽에서 몇 킬로미터 떨어진 위치에 있는 캉 기념관 홈페이지까지 들어가서 살펴보았다. 그곳은 지난 세기의 중요한 전투 중 하나인 노르망디 상륙 작전과 제2차 세계대전을 기억하기 위해 만들어진 3층으로 된 대형 평행 육면체 건물이다. 노르망디 관광청 홈페이지가 지옥 같은 전쟁의 참상이 어땠는지 잊지 않기 위해 방문을 권유하는 이 기념관은 내부에 수많은 문서와 사진들을 보관하고 있는 엄청난 규모의 기록 보관서라고 할 수 있다. 박물관 큐레이터들의 전시 방향은 비극적인 사건들을 역사적으로 재구성하는 것뿐만 아니라 평화와 기억의 취약성이라는 주제를 반영하고 있었다. '취약성'이라는 단어를 고집하는 것이 퍽이나 인상적이었다. 보통 그와 같은 기념비적인 맥락에서는 찾아볼 수 없는 용어였기 때문이다. 생각해보면 기억만큼 취약한 것도 없다. 특히 몇백 그램밖에 안 되는 납작한 상자 모양의 물건에 우리의 기억이 담겨 있을 때는 더더욱 그렇다. 밖을 바라보니 집 창문과 대나무에 빗물이 흐르고 있었다. 문득 옛날 팝송이 떠올랐다. "계속해서 비는 내리겠지 / 별에서 떨어지는 눈물처럼 / 별에서 떨어지는 눈물처럼 / 계속해서 비는 내리겠지 / 우리는 얼마나 연약한지 / 우리는 얼마나 연약한지."

캉 기념관에서 몇 킬로미터밖에 떨어지지 않은 연구실에 근무하고 있는 신경 심리학자 프란시스 에스타케Francis Eustache 교수를 찾아가기로 한 것은 아마 비 오던 그날에 내린 결정이었을 것이다. 그는 기억 및 관련 장애에 대한 프랑스 최고의 전문가 중 한 사람으로, 캉대학교에서 30년간 교수로 재직하고 있다. 알츠하이머 같은 일부 신경퇴행성 질환에서 기억이 겪는 변화를 연구하는 에스타케는 얼마 전부터 새로운 디지털 기술이 뇌에 미치는 영향에 대해 연구하고 있었는데, 특히나 기록과 저장 및 동화하는 뇌의 능력에 미치는 영향을 조사하고 있었다.

에스타케를 만나기 위해 연구소를 방문한 날도 비가 내리고 있었다. 우산을 쓰고 비옷까지 입었지만 나는 차에서 내려 신경 심리학 및 인간 기억 이미지 연구소가 위치한 건물로 들어가는 그 몇 미터 사이에 완전히 젖어버렸다. 커다란 유리창이 있는 거대한 흰색 건물은 외부에서 보면 연구소라기보다 자동차를 판매하는 대형 매장처럼 보이지만 내부에서는 뇌에 대한 중요한 연구들이 진행되고 있었다. 에스타케는 연구실에서 나를 기다리고 있었다. 완벽하게 다듬은 하얀 수염에, 깊은 시선을 돋보이게 만드는 동그란 안경을 쓴 기품 있는 남성이었다. 그는 듣기 좋은 편안한 목소리로 기억이 우리의 개인 타임머신이라고 설명했다. 과거 속을 거닐게 해주거나 미래의 모습을 비춰줄 수 있는 기계 말이다. 모든 타임머신이 그렇듯이, 당연히 그것은 매우 복잡하며 수많은 다양한 상황들이 숨어 있다. 기억 속에는 자발적 의지로 인코딩한 정보(예를 들어, 시험을 준비하는 학생처럼)와 일상활동 중에 힘들이지 않고 자연스럽게 얻게 되는 우연한 정보가 모두 포함되어 있다. 네트워크로 구성된 수많은 뉴런 간의 연결 구조로 이루어져 있으며 다양한 요인에 따라 단 몇 초나 며칠, 때로는 평생 동안도 유지될 수 있는 여러 형태의 기억 다발이다.

에스타케는 2015년에 출판된 그의 책, 《왜 우리의 기억은 그토록 연약한가?Pourquoi notre mémoire estelle si fragile?》를 보여줬다. 이번 만남을 준비하면서 내가 이미 읽었던 책이었다. 짧지만 많은 것을 함축

하고 있는 이 책의 표지는 연구실의 기계가 현상한 단층 촬영 이미지를 떠오르게 했다. 그는 내게 설명했다. "우리가 정보를 획득하고 검색하고 저장하는 방식도 변합니다. 때로는 과거의 무언가를 떠올리기 위해 노력해야 하고, 때로는 경험에 따라 무의식적으로 어떤 기억이 떠오르기도 하죠. 우리는 기억이란 말을 단수로 쓸 것이 아니라 복수로 써서 기억들에 대해 이야기해야 합니다." 기억에는 어떤 주어진 순간 동안 보관할 수 있는 '작업'(50년 전까지만 해도 '단기'라고 불렸던) 기억과 일종의 대규모 아카이브인 '장기' 기억이 있다. 전자는 후자로 가는 관문 역할을 한다. 왜냐하면 내부 수첩에 먼저 기록되지 않은 것은 그 어떤 것도 장기 기억에 저장할 수 없기 때문이다. 그런데 스마트폰의 지속적인 사용은 작업 기억과 장기 기억 양쪽 모두에 피해를 준다.

내가 처음으로 에스타케에 대해 알게 된 것은 2016년에 프랑스-독일 합작 채널 아르떼Arte에서 그를 인터뷰했을 때였다. 그때 이미 나는 그가 신뢰와 지성을 전달하는, 차분하고 안정감 있으며, 상대방까지도 안심하게 만드는 분위기의 소유자임을 알아차렸다. 게다가 화려한 이력이 그의 권위를 완성시킨다. 수많은 그의 경력 중에는 프랑스에서 가장 중요한 국립 연구 교육기관인 '고등 연구 실습원École pratique des hautes études의 원장' 역임과 기억에 관한 과학적 지식의 연구 및 보급을 위한 다학문 연구 센터인 'B2V 기억 관측소Observatoire B2V des mémoires 회장'도 들어 있었다. 채널 아르떼의 다큐멘터리에서 에스타케는 지원자가 비디오 시청, 소리 듣기, 단어 암기 또는 일부 버튼 누르기와 같은 특정 작업을 수행하는 동안 뇌 활동을 학자들이 모니터링할 수 있는 뇌 영상 기술인 기능적 자기 공명 영상 기법을 실시했다. 그런데 에스타케의 실험에서 지원자는 비디오 시청이나 버튼 누르기 같은 특정 작업을 수행할 필요가 없었다. 더 정확히 말해서 그 지원자가 해야 할 임무는 생각을 편안히 내려놓고 과거의 일을 기억해내고 머릿속으로 이리저리 방랑하는 일이었다. 일반적으로 이러한 '정신적 공백'의 순간에는 아무 일도 일어나지 않는다고 생각하기 쉽지만, 실제로는 수학 문제, 기억력 테스트 등을 받을 때와 전반적으로 유사한 두뇌 활동이 일어난다. 바뀌는 것은 활성화되는 뇌의 영역이다. 내측 전전두엽 피질 높이에 일부 피질 영역 및 피질하 영역에 분포된 그리고 다른 영역인 후측 대상회에 분포된 신경 세포 네트워크가 있는데, 이른바 '잠깐 멈춤'의 순간에 이 신경세포 네트워크가 '켜진다'. 에스타케는 이것은 '디폴트 모드 네트워크réseau par défaut'라고 불렀다(문자 그대로 특정 활동이 없기 때문에 '디폴트 네트워크' 또는 '초기 설정 네트워크'라고 부르기도 한다). 에스타케는 다음과 같이 설명했다. "디폴트 모드 네트워크는 심신의 균형과 기억, 인지 과정, 행복감 및 타인과의 관계 구축에 근본적으로 중요한 역할을 합니다. 우리가 특별한 것에 집중하지 않을 때에도 뇌는 실제로 일을 하고 있을 뿐만 아니라 '잠깐 멈춤'의 순간에 뇌가 하는 일은 우리에게 필수적인 것들입니다."

자기 공명 영상 기법MRI처럼 신경 활동과 관련된 뇌의 혈류 및 산소 공급의 변화에 대한 반응을 시각화할 수 있는 기술이 '디폴트 모드'와 같은 명상에나 어울릴 법한 이름이 붙여진 신경 네트워크의 중요성을 입증했다는 사실은 일종의 계시 같았다. 우리에게 점점 더 많은 것을 요구하는 세상에서 불완전함과 결함, 수동성 또는 부족함을 나타내는 의미론적 영역의 이름이니까 말이다. 에스타케의 말은 항상 직관적으로 느껴왔던 것, 즉 마음을 힐링하기 위한 '잠깐 멈춤'의 중요성과 꽉 쥐고 있던 것을 마침내 놓았을 때 갑자기 떠오르는 직관(MRI가 나오기 훨씬 이전에 동양인들은 명상과 요가를 통해 도달한)을 과학적으로 확인시켜주는 동시에 매우 중요한 의문을 제기하고 있다. 이 신경 네트워크가 활성화되는 것이 우리가 외부에 집중하지 않을 때뿐이라면, 과잉 연결된 우리의 삶에서 기억은 어떻게 될까? 더 이상 한 순간도 비어 있지 않은 두뇌를 소유한 우리의 기억은 어떻게 되는 것일까?

내가 여러 책에서 읽은 바로는 작업 기억의 용량은 제한되어 있다. 심리학 역사상 수없이 인용된 논문인 조지 아미티지 밀러George Armitage Miller의 논문은 우리의 주의력이 동시에 고려할 수 있는 정보의 최대 수인 '매직 수'를 '7(±2)'로 설정했다. 최근에 일부 인지 학자들에 의해 이 숫자는 '4'로 더 낮춰졌다. 내게 가장 설득력 있게 다가온 작업 기억의 이미지는 잇달아 붙여놓은 포스트잇이다. 급하게 메모를 해두지만, 그 메모를 잃어버리지 않으려면 나중에 크고 잘 정리된 폴더인 장기 기억 저장소에 옮겨야 하는 것이다. 《스마트폰과 헤어지는 법How to Break Up with Your Phone》에서 캐서린 프라이스Catherine Price는 이 작동 방식을 아주 잘 설명하고 있다. "작업 기억에서 장기 기억으로 정보를 옮기기 위해서는 시간과 정신적 에너지가 필요하다. 뇌가 작업 기억 속에 너무 많은 정보를 유지하기 위해 애쓴다면, 즉 인지기능이 과부하된다면 이 정보들을 저장하기 위한 용량이 부족해진다. 그렇게 되면 정보를 유용하게 만들기 위해 장기 기억 저장소로 보내는 데 필요한 단백질을 생성하기 위한 처리 능력도 떨어질 것이다. 작업 기억이 관리하려고 하는 정보의 양은 그 정보가 기억될 확률에 반비례한다."

프라이스의 고찰을 내가 이곳 캉에 와서 에스타케를 통해 알게 된 것과 연관지어보면 특히 흥미롭다. "신경망 내에서 발생시킬 수 있는 연결의 수가 중요하다. 단절되어 보이는 것들 사이에 우리가 설정할 수 있는 연결의 수는 유용한 직관들을 만들어낼 확률에 정비례하기 때문이다." 우리 내부에 더 자세하고 정교한 스키마schema가 많을수록 복잡한 생각을 할 수 있는 능력이 커지고 시시한 말을 할 가능성이 줄어든다. 산만해지고 집중이 흐트러질수록 우리의 사고는 더 피상적이 되는 경향이 있다. 이때 이렇게 설명하는 것이 좋을 것 같다. "뇌에 과부하가 걸려 스키마를 생성하는 능력이 저하돼서 그래요."

에스타케는 기능적 MRI 사진들을 넘기면서 내게 보여줄 것을 찾고 있었다. 안타깝게도 현재 실험실에서 실험이 진행되고 있는 중이라 내게 장비들을 보여줄 수는 없지만(내 입장에선 말도 못하게 실망스러웠다), 그 대신 컴퓨터로 단층촬영 사진을 보여주기로 했던 것이다. 그가 보여준 사진에는 알록달록한 두뇌들과 이름은 물론이고 뭐가 뭔지 하나도 모르겠는 뇌 영역의 미세한 부분들 그리고 이해할 수 없는 만큼 더욱 눈부시게 빛나 보이는 입체적 정교함이 있었다. 에스타케는 정확하게 설명하기 위해 또박또박 발음하며 말을 이었다. "우리가 사물을 기억하는 메커니즘은 기억을 축적하는 것보다 훨씬 더 복잡합니다. 기억의 기능은 자동적인 것이 아니며, 우리가 말을 하는 동안 기억되지도 않습니다. 정보를 기록하고 인코딩하는 순간이 있지요. 그러나 기록된 정보를 장기 기억으로 옮기기 위해서는 뇌가 다시 처리를 해야 합니다."

"첫째, 정보를 얻기 위해서는 주의를 기울여야 합니다. 당연한 일입니다. 둘째, 정보를 통합해야 합니다. 이 통합은 반드시 필요한 작업인데, 무엇보다 우리가 잠을 어떻게 자느냐에 달려 있습니다. 수면에는 여러 단계가 있고 그 단계들이 조화롭게 일어나지 않으면 통합 작업이 잘 이루어지지 않게 됩니다. 작업이 전혀 이루어지지 않는다는 것이 아니라 제대로 이루어지지 않는다는 이야기입니다. 특히 잠자기 전에 화면 앞에서 장시간을 보내면, 요샌 다들 그럽니다만, 잠을 잘 못 자게 됩니다. 화면의 LED가 청색광을 방출하기 때문입니다. 뇌는 이것을 날이 밝은 하늘의 푸른빛으로 알고 잠이 깰 때를 알리는 신호라고 해석하는 겁니다. 바로 이것이 디지털 기기가 뇌의 기억 능력에 미치는 첫 번째 직접적인 영향입니다." 나는 나지막이 탄성을 질렀다. 놀라울 따름이다. 수백만 년의 진화를 거치고도 뇌 활동은 신진대사 과정이 그렇듯이 (다른 모든 다세포 유기체와 마찬가지로) 내부의 생체 시계가 제어하는 수면-각성 리듬에 여전히 의존하고 있는 것이다. 나를 잠 못 들게 하는 머릿속 소용돌이의 일부는 복잡한 운명의 반전들 때문이라기보다는 분광 광도계의 빛의 파장 때문이라는 것을, 어둡고 졸려야 하는 시간이지만 내가 인스타그램을 스크롤하면서 보내는 그 시간에 발생하는 빛(특히 가시 스펙트럼의 파란색 부분)에 의한 생물학적 반응이라는 것을 기억하자.

2017년에 노벨 의학상은 일주기 리듬(대략 하루 24시간을 기준으로 하는)을 제어하는 분자 메커니즘을 발견한 공로로 세 명의 연구자(마이클 워런 영, 마이클 로스배시, 제프리 코너 홀)에게 수여되었다. 태양광뿐만 아니라 스마트폰에서 방출되는 청색광과 같은 단파장에 노출되면 우리의 신체는 모든 관점에서 '활성화'되어 반응한다. 반대로 양초의 빛과 같은 붉은 빛의 긴 파장에 노출되면 긴장을 풀고 휴식을 취하기 위해 잠이 들려는 성향이 있다. 24시간 주기의 리듬이 깨지면 당뇨병이나 비만, 우울증, 심부전, 천식과 같은 심각한 질병의 발병 위험이 높아진다. 특히 어두운 방에서 잠들기 전에 스마트폰을 사용하는 것은 정말 잘못된 행동이다. 많은 사람들이 그렇게 한다는 사실을 잘 알기 때문에 에스타케는 이 점을 강조했다. 어둠 속에서 방출되는 청색광은 뇌가 마치 아침인 것처럼 활성화할 시간이라고 믿게 만들 뿐이다. 자기 전에 스마트폰 화면을 들여다보는 것은 정말 안 좋다.

에스타케는 내가 자신의 추론을 따라오는 것을 보고 고개를 끄덕인 다음 말을 이었다. "밤에는 낮 동안에 접한 정보를 통합하기 위해 숙면이 필요하고, 낮에는 조용히 생각할 수 있는 휴식 시간이 필요합니다. 과거에 대한 기억, 내일 할 일에 대한 계획처럼 전혀 특별할 것 없는 생각들 말입니다. 이 시간들은 또한 창의력의 순간이기도 합니다. 머리가 자유롭기 때문에 아이디어가 나오는 순간들이죠. 그러나 새로운 기술들로 인해 이러한 휴식 시간이 줄어들다가 결국 없어지게 되면 디폴트 모드 네트워크는 활성화되지 않을 것입니다." 이 이야기가 얼마나 중요한지 강조하기 위해 그는 컴퓨터에서 디폴트 모드 네트워크가 푸른색으로 나타나는 스캔 사진 한 장을 보여주었다. "바로 이 신경망을 통해 정보들을 통합할 수 있습니다. 그리고 이러한 통합 없이는 어떤 기억도 구축할 수 없습니다. 우리의 머리를 통하지 않고 우리가 지킬 수 있는 기억은 아무것도 없으니까요."

나는 〈라따뚜이〉의 깐깐한 음식 평론가가 수프를 한 숟가락 맛보고는 어린 시절을 회상하며 감동할 정도로 행복해했던 장면이 떠올랐다. 캐서린 프라이스 역시 자신의 책에 이렇게 썼다. "하나의 기억을 장기 기억으로 저장할 때 그 기억은 뇌의 어떤 서랍 속에 존재하게 되는 것이 아니라 서로 연결된 다른 기억들의 네트워크에 존재하게 된다. '스키마'라고 부르는 이러한 네트워크들은 각각의 새로운 정보를 이미 가지고 있는 정보와 연결함으로써 우리가 세상을 이해하도록 도와준다. '스키마'는 예를 들면 오븐에 들어 있는 쿠키 냄새와 같은 단일 자극이 어떻게 해서 다른 많은 기억들을 활성화할 수 있는지를 설명해준다."

우리는 미래에 일어날 일을 예측하기 위해 과거를 돌아보기도 한다. 무언가를 내다보기 위해서는 기억에 기대야 하는 순간이 오기 때문이다. 우리의 기억 속에는 과거와 현재와 미래를 묶는 끊어지지 않고 연결되는 실이 있다. 이 네트워크가 활성화되지 않는 것은 구슬 목걸이가 끊어져서 구슬들이 전부 땅에 떨어지는 것과 같은 결과를 가져온다(이러한 비유가 얼마나 과학적일지는 모르겠지만 내가 보기에는 잘 어울리는 것 같다). 에스타케는 계속해서 설명했다. "핵심은 기억이 우리가 내부에 동화시킨 것과 외부에 있는 것 사이의 매우 섬세한 균형이라는 점입니다. 모든 것을 얻을 수 없다는 점은 분명합니다. 인간은 언제나 신탁이나 책, 지도, 친구와 같은 외부의 기억을 가지고 있습니다." 그는 주머니에서 스마트폰을 꺼내 손에 들고는 말했다. "이 기기들은 엄청난 외부 메모리일 뿐만 아니라 놀라운 힘을 가지고 있기도 합니다. 여기에 대해서는 모두 동의할 것입니다. 그러나 자신만의 개인적인 메모리도 가지고 있어야 합니다. 외부 기억으로만 채워져 있다면 거기에 내가 있는 걸까요? 지식에 액세스할 줄만 안다면 내 지식은 어디에 있는 것입니까?"

또 다른 이미지 하나가 내 머리를 스쳐 지나갔다. 내가 이러는 것이 부디 산만함의 징후가 아니기를 바란다. 마치 우리가 지식 왕국의 모든 자물쇠를 열 수 있는 커다란 열쇠 꾸러미를 가지고 돌아다니면서도 정작 어떤 문도 열고 들어가지 못하는 것 같은 이미지였다. 천국의 열쇠를 쥐고 있지만 천국은 그림의 떡인 셈이다. 나는 최면에 걸린 듯 에스타케의 입술만 보고 있었다. "기억은 우리가 선택을 할 수 있게 해줍니다. 선택이 항상 쉬운 것은 아니죠. 추론도 필요합니다. 기억은 내가 의견을 가질 수 있게 해줍니다. 당신이 나에게 말을 하면 나는 대답할 수 있습니다. 그것은 내가 종합해낸 정보가 내부에 있기 때문이죠. 그것이 바로 기억입니다. 기억이라고 하는 것은 단지 10년 전에, 아니면 나폴레옹이 태어났을 때 무슨 일이 일어났는지를 단순히 떠올리는 것만이 아닙니다." 잠시 말을 멈춘 그는 처음에 보여줬던 작은 책자의 표지를 손으로 쓸었다. "그냥 중요한 것이 아니라 근본적으로 중요한 것입니다. 기억은 우리가 우리 자신일 수 있게 해주는 것입니다. 우리의 정체성이자 우리가 가진 가장 연약한 것이기도 합니다."

일부 연구에 따르면, 성인은 지난 10년 동안 기억력의 50퍼센트를 상실했다고 한다. 다시 말해, 우리는 집단적 치매의 한 형태인 대규모의 집단적 기억상실증을 향해 나아가고 있다는 것이다. 이렇게 망각의 심연 속으로 빠져드는 것과 비슷한 것은 죽음 외에는 생각나지 않는다. 소설 〈눈먼 자의 도시〉를 쓴 주제 사라마구는 이렇게 썼다. "우리는 심연을 본다. 바로 거기, 눈앞에 있는데도 우리는 자살하려는 레밍 떼처럼 그 심연을 향해 나아간다." 다 맞는 말인 것 같다. 하지만 그 와중에도 우리는 페이스북에 셀카 사진을

외부 기억으로만

채워져 있다면

거기에 내가 있는 걸까요?

지식에 액세스할 줄만 안다면

내 지식은 어디에 있는 것입니까?

게시하고 인스타그램에 스토리를 올리면서 즐거워한다.

우리는 디지털 기기가 제공하는 모든 정보에 손쉽게 접근할 수 있기 때문에 정신이 풍요로워진다고 착각했고, 키보드를 클릭할 때마다 대뇌 피질에 펀치를 날리고 있다는 것을 깨닫지 못했다. 우리는 존재의 모든 순간을 자극과 재촉으로 채웠고, 우리를 혼자 있게 할 수 있는 그 어떤 멈춤도 용납하지 않았다. 심지어 신호등에 빨간 불이 들어와 있는 그 몇 초도 문자를 찍을 스마트폰이 손에 없으면 괴롭기 그지없다. 적어도 나는 그랬다. 나는 약간 불안한 심정으로 에스타케에게 그 고독한 성찰이 사라진 결과는 무엇인지 물어보았다. 그는 수염을 쓰다듬고는 잠시 생각하더니 두 팔을 벌리며 대답했다.

"다양한 분야의 학문을 연구하는 학자들 모두가 스스로에게 던지는 질문입니다. 나는 새로운 세대들이 몹시 걱정됩니다. 예를 들어, 언어의 신경망은 뇌의 좌측에 위치하고 있습니다. 언어는 타고난 것이 아닙니다. 만약 아이가 3~4세에 말하는 법을 배우지 못한다면 나중에 말을 하는 데 매우 심각한 문제를 겪을 것입니다. 아이들이 항상 과잉 자극 상태에 놓여 있으면 이 신경망은 활성화되지 않아요. 다행히도 아직은 기기들을 남용하는 수준은 아니지만 그래도 이를 되돌아보아야 하며 무엇보다도 사람들에게 무엇이 문제인지 알려야 합니다. 그렇지 않으면 이 같은 정보를 스스로 얻을 수 있는 사람은 기기들을 올바르게 사용하는 방법을 알게 되지만, 정보를 얻지 못하는 사람은 피해를 보게 됩니다. 그리고 이것은 사회가 진보할 때 자주 발생하는 사회적 차이를 훨씬 더 두드러지게 할 위험이 있습니다. 어떤 계층은 혜택을 누리고 어떤 계층은 그렇지 못하게 되는 것이죠."

노르망디의 바다 냄새를 뒤로하고 파리로 돌아가는 길에 나는 불평등의 심화에 대해 생각해보았다. 모두가 더 어리석게 되고 더 기억력이 떨어진다는 것은 이미 그 자체로 우울한 전망이다. 게다가 모두가 똑같은 방식으로 그렇게 되는 것은 아니기에, 그 사실이 가져오는 모든 결과는 끔찍하고 무자비하다. 최근에 읽은 조너선 프랜즌Jonathan Franzen의 에세이 모음집《지구 종말의 끝The End of the End of the Earth》에 다음과 같은 문장이 있었다. "그리고 분명히, 그 새 책을 사서 읽을 만큼 형편이 좋은 가족은 기술에 노출되는 것을 제한할 수 있을 것이고 상황은 훨씬 나아질 것이다. 그러나 기술의 유혹에 저항하기에는 너무 불안하거나 너무 외롭고, 악순환에서 벗어나기에는 너무 가난하거나 지쳐 있는 수많은 사람들은 어떻게 될 것인가?"

프랜즌은 소셜 네트워크의 반대자로 유명하다. 최근 몇 년 동안 그는 페이스북, 트위터 등에 피드를 올리지 않기로 한 뒤로 고상한 척하는 속물 취급을 당했다. 그래도 그는 '좋아요', 스토리, 리트윗의 세계에 뭔가 문제가 있다는 주장을 고수했다. 나는 철도 건널목에 멈춰 섰다. 기차의 도착을 알리는 빨간 신호가 들어와 있었다. 기차가 지나갈 때까지 얼마나 기다려야 할까? 손이 근질거린다. 당장이라도 스마트폰을 꺼내고 싶었다. 나는 핸들에서 손을 떼지 않으려고 안간힘을 써야 했다. 그런데 프랜즌이 기기에 대해 혐오감을 가지고 있었던 것은 그럴 듯하지만, 이런 기술을 발명한 스티브 잡스조차도 화면의 유혹 앞에서 불편해했다는 것이 믿어지는가? 이 이야기는 이미 잘 알려져 있다. 아이폰을 발명한 사람이 정작 자신의 아이들에게는 식탁에서 태블릿과 스마트폰을 사용하는 것을 금지하고 역사와 문학에 대해 이야기하도록 했다는 것이다. 게다가 잡스뿐만이 아니다. 전통적인 인문학으로의 회귀, 성찰로의 초대, 머리 비우기 등은 디지털 개발자들의 세계에 일관적으로 나타나는 현상이다(비록 대개의 경우 굶주린 글로벌 시장에 판매할 새로운 IT 제품과 새로운 앱을 만들 수 있는 상상력을 찾으려는 데 이유가 있었지만). 실리콘 밸리의 심장부에 인지학의 창시자인 루돌프 슈타이너의 교육 철학에 따라 설립된 발도르프 스쿨Waldorf School이 있다는 것은 우연이 아니다. 이 학교에서는 오직 종이, 물감, 왁스, 뜨개질 바늘, 클라베스 그리고 비가 올 때는 찰흙만이 허용된다. 스마트폰도 컴퓨터도 플레이스테이션도 없다.

실리콘 밸리를 여행하는 동안 발도르프 스쿨을 보면서 '하이테크의 중심지에 있는 사원 같은 학교에 다니는 아이들은 과연 누구일까'라는 의문이 들었다. 샌프란시스코 히피들의 자녀일까? 아미쉬amish 공동체의 아이들일까? 전혀 아니었다. 이베이의 CEO, 구글과 애플과 야후 경영진의 아이들이 다닌다. 요컨대, 모든 거대 테크놀로지 기업들의 최고 경영진의 자손들이 그 학교를 다니는 것이다. 얼마 전에 나는 무언가 비정상적이고 모순이 아니냐고 물

기술의 유혹에 저항하기에는
너무 불안하거나 너무 외롭고,
악순환에서 벗어나기에는
너무 가난하거나 지쳐 있는 수많은
사람들은 어떻게 될 것인가?

어보기 위해 그 학교에 접촉을 시도했다. 요정들이 아이들에게 알파벳 철자를 가르치고 점수 대신 그림으로 그린 당근을 주는, 너무나 시대에 맞지 않는 교육 모델을 우리의 디지털 집착에 주요 책임이 있는 사람들이 선택했다는 사실에 모순이 느껴지지 않는가? 버들가지로 짠 바구니에 유기농 재료로 만든 간식을 넣고 손으로 꿰매 만든 가방을 어린 상속자들의 손에 들려 학교에 데려다준 뒤, 우리의 뇌를 빨아들이고 우리를 스마트폰에 달라붙어 있게 만들기 위해 남은 하루를 보내는 바로 그 사람들이 그 학교의 학부모들이었다. 학교는 나에게 아무런 답변도 하지 않았다.

나는 작별 인사를 하기 전에 에스타케가 한 말을 다시 생각해봤다. "나는 하이퍼커넥션의 문제는 특정한 삶의 방식을 신성시한 더 넓은 사회적 맥락에서 볼 수 있어야 한다고 믿습니다. 우리는 항상 빨리 가야 하고, 메시지에 즉시 응답해야 하고, 자극에 바로 반응해야 하고, 지속적인 재촉이 있어야 합니다. 이러한 역학 관계에 해당하지 않은 시간은 버려지는 시간처럼, 시간 낭비인 것처럼 보일 것입니다. 그렇게 해서 우리는 더 이상 잃어버린 시간을 찾아가려 하지 않는 것입니다."

기차가 지나가고 철도 건널목의 빗장이 올라갔다. 나는 다시 출발하면서 비에 젖은 도로 옆 잔디밭을 바라보았다. 자동차 창문을 내리고 이 짭짤하고 진한 냄새를 잠시 더 즐겼다. 이 냄새가 좀 더 오래 내게 기억되기를, 좀 더 오래 내 몸에 배어 있기를 바란다. 적어도 다음 스크롤까지는.

5

'좋아요'

내 글은 한 마리의 '죽어가는 동물'이었다. 페이스북에 올린 게시물을 설명하기 위해 내가 이런 메타포를 사용하게 될 줄은 몰랐다. 그러나 내 앞에 있는 것은 정확히 죽어가는 동물이었다. 애원하는 듯한 고갯짓과 점점 더 기력이 떨어지고, 생명의 징후도 없이 옆으로 누워 있는 몸! 그 순간까지 내가 올린 대부분의 글은 글이랄 것도 없는 것들이었다. 텍스트로 된 메아리, 되받아치기, 공유만 하던 업무 정보, 단어나 이모티콘을 추가하는 수고도 하지 않은 클릭 두 번에 끝난 것들이었다. 게다가 내가 그 플랫폼에 가입한 주된 이유는 그것을 업무 도구로 사용하기 위해서였다. 나 자신에 대한 것은 거의 쓰지 않았다. 게을렀기도 했고, 부끄럽기도 했던 것 같다. 그리고 무엇보다도 사람들이 꼭 읽어야만 하는 그런 소재가 떠오르지 않았다.

"당신은 무슨 생각을 하고 있나요?"라며 소통을 시도하는 페이스북의 질문에 나는 한 번도 제대로 응답한 적이 없었다. 뭐라고 대답해야 할지 몰랐던 것이다. 그러나 그날은 달랐다. 내 삶에 특별히 중요한 사건은 아니었지만(몇 달 뒤에는 기억조차 나지 않는 일일 것이다), 그 당시에는 대도시에서의 삶에 대해 좀 더 확장된 추론이나 아니면 약간은 건전한 해묵은 공감 같은 것을 끌어낼 수 있는 재미있는 소재로 보였다.

그것은 자전거를 타고 로마를 돌아다니는 동안 일어난 작은 에피소드였다(자전거를 타고 가는 사람은 언제나 로마 사람들의 못마땅한 눈초리를 받는다. 마치 우주에 자신밖에는 없다는 듯이 아무렇지도 않게 도로를 역주행하는 그날 아침의 나 같은 경우에는 특히). 나는 잠시 사소한 규칙 위반을 저질렀다. 그날따라 교통량이 거의 없었던 작은 도로에서였다. 그러나 맞은편에서 차를 몰고 온 여성의 생각은 달랐던 것 같다. 그녀는 자전거를 타고 교통 법규에 신경 쓰지 않는 사람들에 대해 품고 있던 케케묵은 모든 원한을 담아 차마 입에 담기 힘든 모욕들을(그중 가장 부드러운 말은 욕설이었을 정도로) 내게 퍼부었다. 물론 내가 잘못했으니 비난 자체는 정당한 것이었지만, 다만 도가 조금 지나치다는 생각이 들었다. 사과와 함께 시민적 관용을 베풀어달라고 호소했지만 당연히 아무 소용도 없었다.

나는 이 일화를 교훈담처럼 묘사하여 포스팅했다. 물론 약간은 소설처럼 각색해서 말이다. 나는 네티즌들로부터 온갖 말들이 쏟아질 것이라고 생각했다. 운전자의 편을 들면서 나를 완전히 밟아 놓을 혐오자와 트롤들의 반응을 포함해서 말이다. 그 글을 올리면서 어느 정도의 위험은 계산했었다. 내 포스트가 공유될 수도 있고, 이 알고리즘에서 저 알고리즘으로 뛰어다닐 수도 있고, 누군가는 좋아해줄 수도 있으며, 또 심지어는 (온라인에 무언가를 게시하는 사람이면 누구나 염원하는 인터넷의 그래미 상과도 같은) 일부 신문 홈페이지에 인포그래픽을 동원하여 "조회 수 급증 게시글"이라는 제목을 달고 한 자리를 차지하는 일도 벌어질 수 있을 거라고 생각했으니까 말이다. 내가 올린 게시물은 인간들의 열정을 지켜보고 있던 고대 그리스 신들의 가르침대로 단죄 받아 마땅한 오만함과 건방짐이 집약된 것이었다. 그리고 아니나다를까 단죄가 일어났다.

그렇게 오래 고민하고, 다듬고, 형용사를 고르고 골라 넣고, 판화 작업을 하듯 단어 하나하나에 온갖 공을 들인 나의 일화는 게시판에서 시들어갔다. '좋아요' 세 개(모두 친한 친구들이 눌러준), 먼 사촌의 마지못한 하트 한 개, 그 외에는 아무 관심도 끌지 못한 것이다. 글을 올린 후, 나는 집안을 왔다갔다하고, 정신을 딴 데로 돌리기 위해 책을 이 선반에서 저 선반으로 옮기고, 리모콘으로 TV 채널을 휙휙 바꾸고 있었다. 나는 불안에 갉아 먹히면서 상황이 바뀌었기를 바라며 5분, 10분마다 내 욕망의 거울인 컴퓨터를 바라보았다. 그러나 아무리 새로고침을 해도 몇 개 안 되는 '좋아요'는 변함이 없었다. 내 페이지의 '엄지 척' 개수는 여전히 그대로였다. 무슨 기술적인 문제로 인해 서버가 먹통이라도 된 것 같았다. 그러나 그런 일은 절대 없었다. 남들이 올린 게시물에는 '엄지 척'이 핀볼 기계의 점수처럼 계속 늘어나고 있었고, 댓글과 이모티콘, 이미지 파일이 넘쳐났다. 다른 사람들이 쓴 다섯 줄 남짓한 글 아래에는 마치 그 몇 줄이 세상에서 가장 중요한 것이라도 되는 양 댓글 전쟁을 벌이는 사람들로 가득했다.

나는 내 글을 더 '섹시하게' 만들기 위해 '좋아요'를 낚을 만한 제목도 넣어봤고(나는 페이스북에 나 자신을 광고하고 있었던 셈이다), '좋아요'를 긁어모으기 위해 무엇이든 기꺼이 할 용의가 있었다. 하지만 아무 소용이 없었다. 나의 글은 생명의 빛이 꺼진 것처럼 침묵에 싸인 채 바닥에 고꾸라졌다. 애원하는 눈빛으로 나를 쳐다보는 그것이 나에게 무엇을 원하는지 알고 있었지만, 내가 할 수 있는 것은 아무것도 없었다.

나는 어떻게든 글을 수정해보려고 발버둥쳤다. 총 세 번을 다시 썼다. 먼저 2천 자를 늘려보기도 했고, 트윗 크기로 줄여보기도 했으며, 마지막으로는 어쩌면 소셜 미디어의 심사위원들에게 거부감을 줬을지도 모를 다소 세련된 분위기를 없애려고 약간의 저속함을 추가하기에 이르렀다. 몇몇의 동의를 끌어모으기 위한 필사적이고도 한심한 시도였다. 그래도 소용없었다. 내 글 아래에는 아무것도 없이 텅텅 비어 있었다. 어이없는 저속한 말들로도 '좋아요' 수를 바꾸지는 못했다. 나의 그 죽어가는 글은 이진수의 바닥에 버려진 채 있었다. 그런데 갑자기 알림이 울렸다. 나는 사랑하는 소년에게서 오랫동안 기다려온 메시지를 받은 사춘기 소녀처럼 설레면서 종 모양의 아이콘을 클릭했다. 그런데 당황스럽게도 알림은 누군가가 자신의 댓글에서 나를 태그했기 때문에 울린 것이었다. 내 페이스북에는 죽어가는 글보다 나를 태그한 댓글의 알림이 우뚝 솟아 있는 것처럼 보였고, 내 글을 소생시킬 수 있는 아주 작은 가능성마저도 가로막고 있는 것 같았다. 나는 내가 태그된 글을 내용도 읽지 않고 바로 삭제하여 위험을 제거했다.

기다림과 희망과 실망 사이를 오가며 몇 시간이 더 흘렀다. 그동안 페이지를 수십 번, 아니 수백 번은 새로고침한 것 같았다. 하루가 저물 무렵이 되어서야 나는 포기했다. 내 글은 그 누구의 관심도 끌지 못했다. 나는 그 이유를 알 수 없었고, 씁쓸한 기분으로 잠자리에 들었다. 이튿날 나는 잠에서 깨자마자 죽어가는 내 글에게 다가가 그 고통에 종지부를 찍어주었다. 공개적인 좌절의 흔적을 남기지 않기 위해 포스트를 삭제해버린 것이다.

'삭제' 버튼을 누른 직후, 갑자기 내 머릿속에 떠오른 것은 선명한 절망감이었다. 내가 올린 글에 무슨 문제가 있었는지 더 이상 스스로에게 물어볼 필요가 없었다. 문제는 나였던 것이다. 마약을 찾아 필사적으로 헤매고 다니는 구제불능의 마약 중독자처럼 가상의 게시판에서 '좋아요'를 갈구하며 방황하다니! 어쩌다 나는 이 지경이 된 것일까?

마약을 찾아 필사적으로

헤매고 다니는 구제불능의

마약 중독자처럼 가상의 게시판에서

'좋아요'를 갈구하며 방황하다니!

어쩌다 나는 이 지경이 된 것일까?

"'좋아요'가 없는 게시물은 사적인 고통일 뿐만 아니라 일종의 공적 비난을 의미합니다." 지난주에 내가 경험한 그 남부끄러운 '대실패'를 가리키는 것 같은 이 말은 뉴욕대학교의 심리학 및 마케팅 교수인 아담 알터Adam Alter의 말이다. 소셜 네트워크처럼 노골적이고 무자비한 사회적 검증 시스템에서 온라인의 무관심에 영향을 받지 않으려면 오프라인에서의 굳건한 확신이 필요하다. 아마도 달라이 라마만이 자신의 '좋아요'와 팔로워 수를 세지 않을 것이다(참고로 달라이 라마의 트위터 팔로워는 1,900만 명이다). 그런데 정말 그럴까?

미국의 주요 씽크탱크 중 하나인 퓨 리서치 센터Pew Research Center의 분석에 따르면, 청소년의 39퍼센트가 사진이나 비디오 또는 포스트를 게시할 때마다, '무대 공포증'이라고 할 수 있을 만한 감정을 느낀다고 한다. 부적절하거나 충분한 동의를 받지 못할 게시물을 올려 무시당하지 않을까 두려움을 느끼는 것이다.

사실 나는 트위터와 인스타그램을 하고 싶지 않았다. 내가 스크롤의 바다에서 길을 잃은 잠수함 꼴이 되리라는 것을 잘 알고 있었기 때문이다. 내 피드를 스크롤하고 이 링크에서 저 링크들로 들락날락거리면서, 무언가 중요한 것을 놓칠지도 모른다는 불안감을 느끼고, 그 불안을 땔감으로 삼는 무한 연쇄 반응 속에 하루를 보낼 것이 뻔했으니 말이다. '포모FOMO: fear of missing out'(놓치는 것에 대한 두려움)라고 부르는 이 증상은 점점 더 많은 사람들이 앓고 있다. SNS는 알고리즘이 영악하게 가공하고, 나누고, 육즙 가득한 새로운 기가바이트 덩어리로 포장해 차려놓은 거대한 디지털 밥상 같은 것이다. 한 번 빠지면 나오기 힘들다.

그러나 이것은 남들과의 차별화를 위해 만든 허세일 뿐이다. 보여주기 식이 된 과잉연결의 세상에서 나 자신의 균형과 정신의 공간을 확보하기 위해 온라인에서만 찾을 수 있는 귀중한 정보의 상당 부분을 포기할 용의가 있는 것처럼 꾸며냈지만, 실은 자유인 양 둔갑된 허영인 것이다. 그러나 그것이 다라고 할 수는 없다. 나는 온라인에서 실수하는 것이 두렵다고 한 미국 청소년 39퍼센트와 매우 비슷한 감정을 느꼈다. 계속해서 트윗하고 리트윗하고, 다양한 필터나 해시태그를 사용하고, 관심사를 공유하고(실제로 관심사가 있든, 있는 척하든 간에), 의견, 생각, 재치, 성찰, 전투, 분개, 열광, 원한, 열정, 예쁘게 또는 억지로 괴상하게 편집한 이미지 등등을 배양할 것을 요구하는, 사람들의 관심을 끌고 댓글이 달릴 만한 것으로 내 인생을 바꿀 것을 요구하는 그 경기장에 들어갈 용기가 나에게는 없었다. 이 모든 논쟁적이고 매혹적인 무기들을 신경 쓰는 것은 엄청나게 지치는 일이지만, 오늘날 사회적 가치의 척도가 된 팔로워 수와 더 정확히는 '좋아요' 수가 그 무기들이 가진 힘에 달려 있기 때문에 그냥 무시하기도 어렵다. 나는 어느 인터뷰에서 읽은 래퍼 카니예 웨스트Kanye West의 말에 충격을 받았다. "각 게시물 아래에 '좋아요' 수가 표시되는 것은 당신의 성기 크기가 인쇄된 티셔츠를 입고 돌아다니는 것과 같다." 다소 노골적인 표현이지만 울림이 큰 비유였다.

사람들이 게시물 아래에 쓴 수많은 찬성 댓글들을 단일 기호로 통합하려는 소박한 야망에서 페이스북이 도입한 '좋아요' 버튼이 어떻게 존재(또는 무의미함)의 폐활량 측정기가 되어버린 것일까? 어떻게 작용-반작용이라는 카르마의 사슬이 가진 무게에 무관심하고, 영원한 현재를 나타내는 장소인 실리콘 밸리의 기업들이 가진 주식 가치의 지렛대는 물론이고 온라인 의존의 주요 지렛대가 되어버린 것일까?

이 모든 것에는 전전두엽 피질의 소유자로 진화한 인간의 능력을 뛰어넘는 왜곡된 무엇인가가 있다. 나는 인간의 학습에 관한 연구로 미국에서 잘 알려진 캘리포니아대학교 로스엔젤레스UCLA의 발달 심리학자 패트리샤 그린필드Patricia Greenfield 교수를 만나러 갔다. 산타 모니카 대로는 놀랍도록 눈부신 빛의 입맞춤을 받으며 펼쳐져 있었고, 머리 위의 하늘은 로스앤젤레스 지역에만 존재하는 푸른 색조를 띠고 있었다. 점심 시간이었지만 이 도시의 교통체증을 계산하지 못해 너무 늦었기 때문에 잠깐 어디 들러 식사를 할 시간도 없었다. 나는 호텔에서 받은 환영 초콜릿을 하나 꺼내서 입에 물었다. 평소에는 싫어해서 먹지 않았지만, 그날은 배가 너무 고파서 어쩔 수 없었다. 저녁까지 그 초콜릿들이 내 유일한 식사가 될 것임을 알았기 때문이다. 나는 몇 번째인지도 모를 그 밍밍한 사각 초콜릿 포장지를 까면서, 예전에 《뉴욕 타임즈》에서 읽은, 인터넷의 '바이블'인 〈와이어드Wired〉의 전 편집장 크리스 앤더슨Chris Anderson의 인터뷰를 떠올렸다. 그는 자녀의 스마트폰 사용을 금지했는데, 그 이유를 이렇게 설명했다. "사탕에서부터 코카인에서 나온 마약인 크랙까지 놓고 볼 때, 스마트폰 화면은 크랙에 더 가깝습니다. 우리는 그것을 통제할 수 있다고 생각하지만, 사실상 통제할 수 있는 범위를 벗어났습니다. 그것은 발달 중에 있는 아이들의 뇌 속에 있는 쾌락 중추에 직접적인 영향을 미칩니다. 평범한 부모들의 이해 능력을 넘어서는 것이죠."

나는 초콜릿 포장종이를 돌돌 말아서 손에 꼭 쥐었다. 크랙, 코카인, 아이들 뇌의 쾌락 중추. 앤더슨이 이 단어들을 언급했을 때 나는 그가 은유적으로 표현한 것이라고 생각했기 때문에 그 구절을 여러 번 다시 읽었다. 하지만 은유가 아니었다. 〈와이어드〉의 전 편집장은 정확히 자신이 말한 글자 그대로를 의미한 것이었다. 스마트폰과 노트북을 통해 우리의 뇌에서 활성화되는 영역은 약물을 복용할 때와 동일하다. 그가 크랙을 콕 집어 말한 것도 다 이유가 있었다. 크랙은 가장 위험한 코카인 파생물이었기 때문이다. 나는 그때 앤더슨의 인터뷰를 '확실한 효과는 있지만 과장된 글' 부문에 정리해뒀었다. 화면의 과도한 사용이 우리가 읽은 내용이나 귀납적 분석, 상상력에 대해 심도 있는 작업을 하려는 뇌의 능력을 얼마나 약화시키는지를 보여준 그린필드의 실험 결과를 발견하기 전까지는 말이다.

UCLA 캠퍼스에서 인상적인 장소들 중 하나는 파월 도서관이다. 그 건물은 흰색과 붉은색 벽돌로 된 네오 로마네스크 양식으로

1920년대에 지어진 것이다. 물론 유럽의 오래된 대학들과 비교하면 그리 오래되지 않았겠지만 둥글린 창문과 계단, T자형으로 우아하게 옆으로 긴 실루엣, 브라만테의 건물들을 떠올리게 하는 각진 돔 등 시각적으로는 아주 멋진 건물이었다. 입구에 있는 대학 소개 책자에서 이 건물의 건축가가 밀라노의 성 암브로죠 대성당에서 영감을 받았다는 것을 읽은 나는 내 나라 이탈리아에 대한 정중한 오마주인 이곳에서 우리의 만남이 있을 것이라고 확신했다. 그러나 나와 그린필드의 만남은 대학 강의실이라기보다 어떤 부대시설의 현관처럼 보이는 이름 모를 건물 1층에 있는 좁고 긴 방에서 이루어졌다.

밖은 눈이 아리도록 햇빛이 강렬했지만 내부는 매우 어두운 느낌이었다. 나는 대기실이라고 생각되는 방에 앉아, 누군가가 나를 부르며 어딘가 다른 장소로 안내해주기를 기다렸다. 그러나 어느 정도 (내게는 너무나 길게 느껴진) 시간이 흐르고, 나는 무균실 같은 이 인간미 없는 공간이 바로 그린필드의 연구실이고 다른 장소로 옮기지 않을 것임을 알게 되었다. 아무 죄 없는 '좋아요'가 신경 회로에 미치는 영향을 생리학적으로 처음으로 입증한 실험 결과를 논하기 위해서는 빈 탁자 하나, 불편한 의자 두 개, 노트북 하나 그리고 내려져 있는 창문 가리개 셔터면 충분했던 것이다. 역사상 가장 논란이 많은 키보드 버튼의 어두운 면에 대한 이야기의 무대는 바로 이곳이었다.

그린필드 교수는 일흔이 넘었지만 스무 살은 더 젊어 보였고,

우아한 구릿빛 머리카락을 갖고 있었다. 그녀는 캠퍼스는 둘러보았는지, 유명한 UCLA 농구팀을 보기 위해 체육관에는 들렀는지를 물었지만 나의 관심사는 그녀의 연구에 있었기에 예의상 간단히 대답한 후, 그녀의 연구로 즉시 화제를 돌렸다.

그린필드의 연구진들은 학생 그룹이 소셜 네트워크에서 자신들의 사진을 보는(인스타그램에서 하는 행동의 정확한 재현) 동안 학생들의 뇌 활동에 무슨 일이 일어나는지 확인하기 위해 자기 공명영상을 촬영했다. 그린필드는 노트북을 열고 스캔 결과를 보여주었다. 나 같은 문외한의 눈에도 학생들이 자신의 사진에 '좋아요'를 더 많이 받을수록 쾌락 중추 영역이 더 빛난 것이 명확하게 보였다. 맛있는 음식을 먹거나 섹스를 하거나 좋은 사회적 관계를 가질 때에도 정확히 같은 영역이 활성화된다.

"이곳은 중독에 관련된 영역입니다." 그녀는 진지한 표정을 지으며 화면에서 뇌의 정확한 지점을 가리키며 내게 설명했다. "이것은 우리가 '좋아요'에 의해 글자 그대로 중독된다는 것을 의미하는 것입니다." 그녀는 모니터 위에 잠시 시선을 멈추었다가 돌아서서 내 눈을 똑바로 쳐다보았다. 자석같이 끌어당기는 강렬한 시선이었다. "그뿐만이 아닙니다. 학생들이 다른 사람들의 사진에 '좋아요'를 누르는 순간도 역시 관찰했는데, 사진이 마음에 안 들었을 때에 비해 보상 회로가 더 많은 자극을 받는 것을 볼 수 있었습니다. '좋아요' 버튼은 뇌의 기능에 영향을 미칠 뿐만 아니라 행동에도 영향을 끼쳐서 버튼을 다시 클릭하도록 만드는 것입니다.

비록 가상세계에서지만 인정받는다는 것이 우리에게 얼마나 많은 영향을 미치는지 증명해주는 결과입니다." 나는 본능적으로 바지 주머니 속에 있는 스마트폰에 손을 가져갔지만, 스마트폰을 확인하고 싶은 유혹을 꾹 참았다.

우리는 상호 작용을 좋아하고, 사랑받는 것을 좋아하며, 우리를 사랑하는(적어도 온라인상에서는) 사람들을 사랑한다. '좋아요'를 눌러주는 사람에게는 '좋아요'로 보답한다. 그것이 서로 친구임을 드러내 보여주는 것을 의미하기도 하기 때문이다(상호성의 원리가 작동하는 방식이다). 그리고 우정, 사랑, 즐거움의 놀라운 보물상자인 이 도파민 고리(이것을 사로잡는 것이 모든 뉴로 마케팅neuromarketing의 꿈이다)는 너무나 간단하게 버튼 하나로 활성화된다. '좋아요'를 하나씩 받을 때마다 뇌는 그것을 사회적 보상으로 받아들여 도파민 시스템을 활성화시키고 우리가 그 행동을 반복하도록 부추긴다. 이 고리는 무한히 자가재생되며 반복된다.

소셜 네트워크에서 사진을 본 자원자들의 두뇌 공명 사진을 통해, 나는 스마트폰을 포함한 모든 종류의 중독의 발생과 발달에 관여하는 보상 회로의 미로 속으로 들어갔다. 이 메커니즘은 복잡하기 그지없어서, 그것이 생각보다 훨씬 더 우리와 관련이 있다는 사실을 깨닫지 않았다면, 머리 좋은 생물학자들과 과학자들에게 기꺼이 맡겨버리고 손을 털었을 것이다. 우리는 게시물에 단순히 하트나 '엄지 척'을 누르는 것일 뿐이라고 생각했는데, 어느새 거대한 신경과학 실험실 안에 들어와 있게 되었다. 이번 라운드에서 실험쥐는 바로 우리였다.

만약 뇌가 작동하는 방식을 악용하는 테크놀로지 거대 기업들의 냉소주의를 더 명확하게 이해한다면, 알림 소리에 스마트폰을 집어 들기 전에 또는 인스타그램 프로필을 확인하려고 손을 뻗기 전에 한번쯤은 생각해보게 될 것이다. 보상 회로는 기술 업계에서 손을 대기 전에는 진화적 측면에서 위대한 통찰이었다. 그것은 학습이 작동하는 방식과 관련이 있다. 심리학자 라파엘레 아비코Raffaele Avico가 한 짧은 기사에서 설명한 것처럼, 경험을 통해 배운다는 것은 만족과 행복의 감정을 일으키는 것을 추구하고 반복하려는 것을 의미한다. 두 페이지에 압축되어 있는 도파민에 대한 그 짧은 기사에서 내가 배운 것은 음식이나 섹스, 애정과 편안함 등을 통해 쾌락의 순간을 경험할 때마다 우리는 '동일한 자극을 주목하고 강화하는' 일부 물질을 방출한다는 것이다.

또한 쾌락의 경험은 기억에 고정되어 나중에 다시 추구하고 만들 수 있게 된다. 다시 말해, 우리는 특정 경험과 관련된 즐거움을 기억하고 "뇌는 그 경험이 반복되려 한다는 느낌을 받을 때마다 도파민을 방출한다." 이는 쾌락에 대한 일종의 선불식 보상으로 진화론적 관점에서 보면 기가 막힌 묘책이다. 우리는 스마트폰을 사용하는 것이 생존 메커니즘에 속하는 일이라고 말할 수도 있을 것이다. 보상 시스템의 개입이 없다면 "우리는 아마 먹지도 않고, 적극적으로 성적 파트너를 찾지도 않을 것이며, 코카인이나 스마트폰 중독에 빠지지도 않을 것이다." 정신생물학이 인스타그램의 새끼 고양이에게 '좋아요'를 누르는 행위와 하나가 되는 의미심장한 순간이다.

만족의 메커니즘을 이해하는 일은 나에게 너무나 어려운 과정이었다. 그래서 국립 연구위원회CNR 연구원이자 게놈학 및 신경생물학 전문가이며 사고의 복합성과 단어의 정확성을 무한히 숭배하는 학자인 안나 몰레스Anna Moles에게 도움을 청했고, 그녀는 이렇게 설명해주었다. "우리는 우리에게 쾌락을 줄 것이라고 알고 있는 일을 합니다. 예를 들어, 먹는 일은 보상을 주고 생산적인 일은 상을 줍니다. 친구와 함께 있는 일은 만족감을 줍니다. SNS에 올린 자신의 피드에 '좋아요'를 보면 기분이 좋아집니다. '좋아요'는 인정을 나타내고, 타인의 인정은 만족감을 주니까요." 이것은 인문학 전공자인 나를 위해 신경생물학에 대한 전문적인 내용은 배제하고 최대한으로 단순화시킨 설명이었다.

UCLA에서 공항으로 가다보면 서쪽 고속도로의 커다란 광고판 아래를 지나가게 된다. 굴곡진 여성의 몸이 태닝 로션을 홍보하는 광고판이었다. 얼마 지나지 않아, 타이어 브랜드를 광고하는 훨씬 더 노출이 심한 또 다른 몸을 만났다. 그런 만남은 계속되었다. 섹스와 상업적인 제품, 심지어 덜 '성적인' 제품 사이의 관계에 대해 많은 것을 알고 있으면서도, 우리 중 그 누구도 강박적 구매와 '좋아요' 사이의 관계에 대해 생각해보지 않는다는 것은 놀라운 일이다. 나는 택시 안에서 메모를 정리하면서, 아비코의 기사에서 정리한 "도파민 시장을 통제할 수 있는 사람이 충성도가 높고 의

존적인 소비자를 낳을 것이다"라는 문장을 다시 한번 읽어보았다. 도파민을 대량 방출하는 제품들의 세계는 기업가들의 천국이다. 테크놀로지 기업 주주들의 은행 계좌 측면에서 보면 온라인과 소셜 미디어의 세상은 그들이 우리에게 이야기했던, 어쩌면 누군가는 지금도 여전히 믿고 싶어 하는 신나는 사교의 장소와는 거리가 멀다. 그곳은 도파민 판매 장터, 도파민을 실어 나르는 탱크로리인 것이다.

분명히 말해두지만, 스마트폰을 구성하는 픽셀과 실리콘에 마약 성분을 만들어내는 물질은 없다. 우리가 관심을 갖는 것은 그것이 노출시키는 초사회적 환경이다. 화면으로 우리를 만족시킬 준비가 된, 다시 말해 즐거움과 동기 부여 및 중독을 담당하는 이 분자 덩어리로 우리를 압도할 준비가 된, 수없이 많은 접촉 말이다. 인간은 사회적 동물로 진화했다. 그렇지 않았다면 나무에서 내려와 발을 내딛는 즉시 멸종되었을 것이다. 생존하기 위해서는 다른 사람들의 인정을 좋아하고 또 더 많이 인정받기를 원해야 했다. 핵심은 스마트폰이 산업 수준의 막대한 도파민을 제공한다는 것이다. 한 번 생각해보자. 실제 생활에서 우리는 얼마나 많은 형태의 상호작용, 뉴스, 인정, 만족, 웃는 얼굴을 만날 수 있으며, 피와 살을 가진 진짜 친구와 지인들을 얼마나 많이 가질 수 있을까? 열 명, 오십 명, 백 명, 이백 명, 이천 명? 어쨌든 소셜 네트워크가 제공하는 무궁무진한 접촉 가능성과는 비교가 안 된다. 그러나 이미 여러 번 언급했듯이 과도한 자극을 받는 것은 좋지 않다.

내가 타고 있던 택시가 로스앤젤레스의 극심한 교통체증에 갇히자 나는 기기 중독에 대한 검색을 하기 위해 인터넷에 접속했다. 하버드 〈에듀케이셔널Educational〉 섹션의 한 기사가 내 주의를 끌었다. 그 기사에는 커다란 분홍색 뇌가 스마트폰으로 문자 메시지를 보내는 만화가 그려져 있는데, 마치 "나를 읽어주세요. 당신도 할 수 있어요"라고 말하는 것 같았다. 나는 그 기사를 스크롤했다. 그 기사에서도 스마트폰과 마약의 관계에 대해 강한 주장을 펼치고 있었다.

"문자 메시지, 인스타그램의 '좋아요', 페이스북의 알림 등 모든 알림은 잠재적으로 긍정적인 사회적 자극인데, 우리가 스마트폰의 공격을 받을 때 뇌가 도파민 '과잉유출'에 노출되는 정도는 코카인을 한 번 흡입하는 것과 비슷할 수 있다. 특히 유전적으로나 심리적으로 취약한 대상에서 실제 중독이 확립될 가능성이 바로 여기에 있다." 이 기사는 "페이스북, 스냅챗, 트위터, 인스타그램은 우리가 게시판에 최대한 오래 머물도록 유도하기 위해 마약과 슬롯머신이 사용하는 것과 동일한 신경 회로를 사용한다"라고 결론지었다.

나는 소셜 네트워크 운영자들이 마약 밀매자와 비교당했다고 느끼면서 기분이 상하지 않길 바란다. 엄청난 부자인 마크 저커버그와 법정에서 다투는 일은 언어적으로도 상당히 불편하고 절대 오지 않았으면 하는 상황이기 때문이다. 페이스북의 창립자는 이것 말고도 신경 쓸 일들이 많고 그렇게 과민한 성격이 아닐 것이라고 믿고 싶다. 게다가 그는 이미 비판에 익숙할 테니까 말이다. 저커버그 플랫폼의 초대 임원 중 한 명인 차마스 팔리하피티야Chamath Palihapitiya는 사용자 성장을 담당하는 부사장으로 페이스북 창립 이듬해에 합류했다. 그는 스리랑카에서 태어나 여섯 살에 캐나다에 왔고, 실직한 아버지와 가사도우미 어머니 사이에서 성장했다. 거실 매트리스에서 잠을 자며 복지 지원 덕분에 교육받을 수 있었던 사람치고는 굉장히 성공한 이력이다. 팔리하피티야는 17세에 고등학교를 졸업한 후 금융계에서 일했으며, 31세가 된 2005년에는 팔로 알토Palo Alto의 핵심 부문 중 하나를 이끌었다. 이후 그는 페이스북에 들어오게 되었고, "1등을 하겠다는 욕심은 없었지만, 객관적인 방식으로 전문적인 결정을 내릴 줄 아는 저커버그의 능력"에 감탄했다.

그로부터 10년 뒤인 2017년 11월, 40세의 차마스 팔리하피티야는 우리의 정신을 조작하는 일에 관여한 이유에 대해 묻는 스탠퍼드 경영대학원 학생들 앞에서 이렇게 고백했다. "저는 엄청난 죄책감을 느낍니다. 우리가 만든 도파민에 기반을 둔 단기적 피드백 자극은 사회가 작동하는 방식을 파괴하고 있습니다. 시민적 양심도 협동심도 없고 틀린 정보와 거짓이 난무하죠. 그런데도 우리는 이러한 인식된 완벽함을 중심으로 삶을 계획합니다. 여기저기에서 하트나 '좋아요', '엄지 척'과 같은 단기적 자극으로 우리에게 상을 주기 때문이죠. 우리는 이 모든 것을 가치와 혼동하며 또 이 모든 것을 진실과 혼동합니다." 늦은 만큼, 배포 있고 진실성이 묻

페이스북, 스냅챗, 트위터,

인스타그램은 우리가 게시판에

최대한 오래 머물도록 유도하기 위해

마약과 슬롯머신이 사용하는 것과

동일한 신경 회로를 사용한다.

어나는 고백이었다.

현재 벤처 투자 전문가로 일하고 있는 팔리하피티야는 그 강연에서 자신이 몸담았던 세계에 대한, 소름 돋는 다른 세부적 이야기도 덧붙였다. 예를 들어, 실리콘 밸리에서는 사용자들의 심리와 행동을 이용하여 뇌의 연결 시스템을 재편하면서 부를 축적한다고 했다. 물론 그런 것들로부터 우리 자신을 방어하는 유일한 방법은 모든 것을 버리는 것이다. "해결책은 간단합니다. 이 도구들을 더 이상 사용하지 마십시오! 저는 수년 전부터 그것들을 쓰지 않습니다. 제 페이스북 페이지를 보시면 지난 7년 동안 제가 포스팅한 회수는 열 번도 안 될 겁니다. 저들이 당신들을 새로 프로그래밍하고 있다는 사실을 당신들은 깨닫지 못하고 있습니다. 물론 고의는 아니었을 것입니다. 하지만 이제는 결정해야 합니다. 얼마나 포기할 의향이 있는지, 지적 독립성을 얼마나 희생할 의향이 있는지를요." 그가 한 모든 말의 의미는 분명했다. 어찌되었든 그 시스템을 만드는 데 이바지한 사람의 입에서 그런 말이 나온다는 것은 굉장히 인상적이었다. 마치 빌 게이츠가 컴퓨터를 켜면 구역질이 나온다고 하는 것 같은 소리였다.

실리콘 밸리의 다마스쿠스 거리는 참회자들로 넘쳐나는 것 같다. 불과 몇 년 새 억만장자가 된 회사의 임원들은 별안간 한 줄기 깨달음의 빛에 사로잡혀, 자신들의 손으로 일으켜 세운 추악한 정신적 착취 메커니즘을 고발하려고 안달이 났다. 팔리하피티야보다 몇 년 앞서 참회자가 된 사람 중에는 페이스북의 초대 회장인 숀 파커Sean Parker가 있다. 그는 '양심적 병역 거부자'가 된 전직 관리자들 사이에서 스타였다. 냅스터Napster의 창업자였기 때문이 아니라 참회자였기 때문이다. 숀 파크는 소셜 미디어와 그들의 악행에 대해 칼을 휘두른 사람으로 기억되지 않을까 싶다. 그는 "오로지 신만이 어린아이들의 두뇌에 무슨 일이 일어나고 있는지 아신다"라고 말하기도 했고, 페이스북에 대해서는 "인간 심리의 취약성을 악용하고 사회 및 타인과 맺는 관계를 변화시킨다"라고 비난하기도 했다.

'디지털 이단자' 클럽은 규모가 방대하고 여러 형태를 띠고 있으며, 각자는 자기만의 이야기를 갖고 있다. 그들의 참회에 얼마나 진정성이 있는지, 무엇보다도 자신들이 하고 있던 일에 대해 실제로 얼마나 몰랐는지 우리는 결코 알지 못할 것이다. 그들의 "정말 몰랐다. 그렇게 될 것이라고는 생각 못했다. 이해하지 못했다. 상상도 못했다"는 고백은 투자자들에게 서브프라임 부실 채권을 떠넘겨 세계 경제를 침몰시켰다는 혐의를 받는 증권거래업자들의 말을 연상시킨다. 혹시라도 언젠가 기기 때문에 우리의 뉴런이 가루가 되어 법정에 서게 된다면 책임 소재를 가릴 수 있을지도 모르겠다. 거의 대부분의 엔지니어, 프로그래머, 데이터 과학자, 제품 관리자의 전기를 읽을 때 눈에 띄는 한 가지 특징이 있다. 그들은 젊디젊은 나이에 아무것도 없는 상태에서 일약 억만장자가 되었다는 사실이다. 무책임과 열정으로만 가득한 나이에, 정신을 차리고 인생으로부터 아직 쓰디쓴 계산서를 받아볼 시간도 없었을 나이에, 그렇게 일찍 절정에 도달한다는 것이 과연 어떤 느낌일지 궁금하다.

디지털 도파민 자극 시스템을 고안한 엔지니어 저스틴 로젠스타인Justin Rosenstein도 이들 참회자(그렇게 부르는 건 비통한 일이지만) 중 한 사람이다. '좋아요'의 고안자로 역사에 기록된 로젠스타인은 서핑과 개척자의 땅인 서해안에 완벽하게 어울리는 인물로, 떠오르는 새 물결을 향해 언제든 에너지를 쏟을 준비가 되어 있는 사람이었다. 1983년, 샌프란시스코 베이에서 태어나 스탠퍼드대학교에 입학한 로젠스타인은 21세에 구글에 입사하고 24세에 페이스북으로 자리를 옮겼으며 26세에는 레아 펄먼Leah Pearlman과 공동으로 우리의 삶을 바꾼 그 버튼을 발명했다.

지구의 문화적·정치적·사회적 역사(수십억 명의 삶뿐만 아니라)를 뒤집어놓은 사람들의 얼굴을 보는 것은 항상 의미 있는 일이다. 나는 이 '미스터 좋아요'가 어떻게 생겼는지 보려고 구글 이미지로 그를 검색했다. 거의 모든 사진에서 그는 아름답고 맑고 환한 미소를 짓고 있었다. 모두가 원하는 이상적인 아들이자 남자친구인 미국 '엄친아'다운 미소였다. 그의 눈빛에는 그늘진 구석이 없었고, 우울함이나 고통의 흔적도 찾아볼 수 없었다. 평온하고 호감 가는 얼굴이어서 그에게 확신에 찬 '좋아요'를 눌러주고 싶을 정도였다. 사람을 무장해제시키는 그 천진난만한 얼굴을 보고 나면 '좋아요' 버튼으로 그저 페이스북 사용자들에게 '긍정의 작은 조각'을 제공하고 싶었을 뿐이라는 로젠스타인의 말을 믿을 수밖에 없게 될 것이다. 그는 그야말로 '좋아요'에 딱 어울리는 그런 얼굴을 갖고 있었다.

얼마 전 나는 순수한 소년 같은 얼굴을 가진 로젠스타인을 만나려고 시도했었다. 로젠스타인은 페이스북을 떠난 뒤, 팀워크 관리를 단순화하는 모 회사의 책임자로 근무하고 있었다. 그의 홍보실은 복잡한 협상안을 내놓았다. 처음에는 "네, 아마 가능할 겁니다. 하지만 참회나 그에 관련된 이슈에 대해서는 말하지 않는다는 조건으로만 가능합니다"라는 답변이 왔다. 그 다음에는 페이스북에 대해서도 언급해서는 안 된다고 했다. 그리고 결국에는 인터뷰가 불가능하다는 답변을 보내왔다. 그와의 만남은 물 건너갔다. 로젠스타인이 참회자 클럽에 들어간 뒤로 많은 사람들이 그를 찾는다. 죄인의 역할에서 깨달은 자의 역할로 전환하면 존경받는 지위가 보장되는 것이다. 《가디언》과의 인터뷰에서 페이스북의 전前 엔지니어는 이렇게 밝혔다. "인간이 정말 좋은 의도를 가지고 무언가를 개발했으나 원치 않은 부정적 결과를 초래한 일은 매우 흔합니다."

이탈리아의 신문사 《라 레푸블리카la Repubblica》에서 발행하는 주간지 《일 베네르디il Venerdì》의 기사를 보면, 로젠스타인은 "이 끝없는 도파민 루프에서 우리를 해방시켜야 한다"고 강조했다. 그러나 영혼을 타락시킨 자로 치부되고 싶지는 않았던 것 같다. 그는 거듭 잘못은 시스템에 있다고 말했다. "문제는 플랫폼들의 비즈니스 모델입니다. 수익의 많은 부분을 광고에 의존하기 때문에 사용자가 플랫폼을 보도록 설득하기 위해 가능한 모든 것을 해야 합니다. 스캔들을 양산하는 연설이나 중독을 일으키는 소프트웨어, 선정적인 저널리즘도 마찬가지입니다." 그가 만든 '좋아요' 버튼은 "바람직하지 못한 활동으로 사람들을 몰아넣은 예측하지 못한 결과들"을 낳았음에도 불구하고 "사람들이 더 많이 스스로를 표현할 수 있도록 하는 데는 좋은 역할"을 했다. 그는 "부작용을 알게 되었다면 이를 인정하고 행동을 바꿔야 합니다"라고 덧붙였다. 그러나 나는 이렇게 말해주고 싶었다. "당신이 도파민 반응 시스템의 지속적인 자극제 역할을 하는 돈 찍어내는 놀라운 기계를 만들고, 50억 인구가 주머니 속에 스마트폰을 집어넣고 거기에 익숙해진 뒤에는 그건 그리 간단한 일이 아니게 되었죠." 그리고 그것이 부작용 이상의 그 무엇이라고 덧붙이고도 싶었다.

그에게는 내가 하고 싶었던 말들을 전하지 못했지만, 대신 소셜 미디어의 또 다른 반대자인 벤 그로서Ben Grosser에게는 직접 내 생각을 말할 수 있었다. 사실 그를 '휘슬 블로어'(이것은 실리콘 밸리에서 시스템의 악용을 아는 사람들 사이에서 선호되는 용어인 것 같다)의 대열에 포함시키는 것은 적절하지 않다. 왜냐하면 그는 소셜 미디어 세계의 이면이 알려지기 훨씬 전부터 그 세계를 비판하기 시작했기 때문이다. 벤 그로서는 안티-로젠슈타인이라고 말할 수도 있겠다. 그는 2011년에 게시판에서 '좋아요' 버튼을 보이콧하는 방법을 고안했다. 그의 움직임은 이쪽 분야에서 아직 인식이라는 생각 자체가 생겨나지 못했던 시기에 싹튼 건전한 인식의 시작이라고 볼 수 있다. 최종적인 확신이 있기도 전에 일어난 저항의 첫 태동이었다. 우리를 뒤흔들고, 본모습을 드러내게 하고, 우리가 자아도취에 빠져 스스로를 비춰보는 메아리의 공간을 깨부수는 것이 예술의 역할이라면, 우리가 충돌하게 될 '좋아요'의 해악(빙산)을 미리 보여주는 레이더와 같은 벤 그로서의 디메트리케이터Demetricator는 그 자체로 예술 작품이다.

벤 그로서는 수년 전부터 소프트웨어의 사회적·정치적 효과를 주제로 작업해온 미국의 아티스트 디자이너다. '좋아요'의 힘을 무력하게 하는 그의 프로그램이 멘로 파크의 거인인 페이스북을 무릎 꿇게 만들기를 기대하는 것은 아니지만(게다가 그의 웹 브라우저 확장 프로그램은 컴퓨터에서만 작동하고, 도파민 자극이 훨씬 더 강력한 모바일에서는 작동하지 않는다), 그의 아이디어 자체는 매혹적이고 선구적이다. 그것은 간단한 방식으로 작동한다. 일단 컴퓨터에 디메트리케이터 프로그램을 설치하면 페이스북 게시물 아래의 엄지손가락과 하트의 숫자가 표시되지 않는다. 나는 그의 사회적 실험이 어떻게 진행되고 있는지 궁금해서 스카이프를 통해 그와 접촉했다. 그는 검정색 티셔츠를 입었고, 두꺼운 뿔테 안경을 끼고 복고풍 염소수염을 기른 실리콘 밸리의 진정한 괴짜다운 모습이었다.

대화의 첫 실마리를 잘 풀어나가기 위해 내가 그에게 가장 먼저 던진 질문은 얼마나 많은 사람들이 디메트리케이터를 설치했는가였다(나는 설치했다). 독재적인 수치 측정에 맞서 자아성찰과 사회적 투쟁을 결심한 아티스트에게 묻기에 완벽한 질문인 것 같았다. 그는 내게 자세한 상황을 우아하게 설명해주었다. 그의 설명을 듣다보니 순간 마음이 울컥했다. 이 모든 것은 내 잘못이 아니었다. 게시판에 매달려 내가 바로잡으려고 몸부림쳤던 그 잘못은 내 탓이 아닌 것이다. 우리는 너무나 시장의 관점에 빠져 있기 때문에 더 이상 수치를 통하지 않고는 판단할 수 없게 되었다. 우리는 세상을 숫자로 생각하고, 양이야말로 자신을 포함하여 모든 것을 검증할 수 있는 능력을 가진 것으로 인정하는 유일한 척도가 되어버렸기 때문이다. 그는 고개를 끄덕이며 비디오 화면을 조정하고는 말했다.

"사실입니다. 우리는 숫자에 둘러싸여 있습니다. 삶의 모든 순간, 모든 말은 숫자로 인식됩니다. 소셜 네트워크에 얼마나 많은 측정값이 표시되는지 우리는 깨닫지조차 못하고 있습니다. '좋아요' 수, 팔로워 수, 조회 수, 게시물을 공유한 사람 수, 알 수 있는 친구 수, 게시물을 보고 있는 사람 수 등 수많은 수가 그 안에 존재합니다. 기업은 이러한 수치에 강박적으로 집착하면서 비즈니스를 구축했고, 사람들은 플랫폼을 경쟁적으로 사용하기 시작했습니다." 매트릭스, 즉 계량적 수치는 웹사이트에서 진행 중인 일들이나 트렌드를 평가하는 데 사용되는 정량적 통계 측정값이다. 그는 좀 겸연쩍어하면서 덧붙였다. "제가 해체하고 싶은 것은 바로 이 메커니즘입니다."

벤그로서의 프로그램은 페이스북이 문을 연 지 몇 년 되지 않았고 모두가 그 조그만 화면이 주는 행복감의 절정에 빠져 있었을 때, 그에 굴복하지 않고 만들어낸 예술적 디지털 사보타주라고 할 수 있다. '좋아요' 수치를 가리자는 움직임은 일단은 테스트일 뿐이지만(이탈리아를 포함한 일부 국가에서 시범적으로 2019년에 시작했다), 앞으로 어떻게 진화할지는 알 수 없다. 나는 알림을 통해 테스트가 진행되고 있다는 소식을 알게 되었다. "우리는 팔로워가 게시물의 '좋아요' 숫자가 아니라 게시물의 내용에 집중하기를 바랍니다. 이 테스트가 진행되는 중에는 게시물의 '좋아요'의 총 숫자는 당신만 볼 수 있습니다." 그 알림을 받았을 때 짜증이 확 올라왔던 것으로 기억한다. 나는 더 이상 '좋아요'를 보고 싶지 않았고, 안 그래도 과잉인 도파민이나 코르티솔의 분출이 추가되는 것도 원하지 않았다. 내게는 이미 도파민과 코르티솔이 온라인뿐만 아니라 오프라인 생활에서도 차고도 넘치게 분출되는데, 나만 볼 수 있다 해도 왜 굳이 내가 받은 '좋아요' 숫자를 계속 보여주겠다는 것일까? 나와 내 화면 사이에서만 볼 수 있는 은밀한 사적 실패는 마치 실패가 아닌 것처럼, 그런 감정은 공적 영역에서만 존재하는 것처럼 말이다. 스카이프를 통한 미팅에서 벤 그로서는 이런 주제에 대해 이미 예상하고 있었다고 말했다. "어떤 방식으로든 우리가 올린 게시물의 '좋아요' 수를 계속해서 보는 한, 우리는 계속해서 자신을 그 숫자를 기준으로 판단하게 되고, 그 숫자를 올리기 위해 뭐든지 하게 됩니다."

숫자는 돈이다. 그것도 엄청나게 많은 돈이다. 나는 이 분야의 기업들이 온라인 윤리를 지키기 위해 그것을 포기할 것이라고 믿지 않는다. "적이 베푸는 친절은 의심하라Timeo Danaos et dona ferentes." (비르길리우스의 〈아이네이스〉에 나오는 구절로 트로이 전쟁에서 트로이의 제사장 라오콘이 그리스인들의 목마를 성안으로 들이지 말라며 한 말 - 역자주) 나는 소셜 미디어의 르네상스를 신뢰하지 않는다. 그리고 기업들이 이 지표에 얽매이지 않는 게 가능하다는 것을 알게 됐다 해도 결코 이 지표를 포기하지 않을 것이라는 걸 믿어 의심치 않는다. 미국에서는 미주리 주의 공화당 상원의원 조쉬 홀리Josh Hawley가 소프트웨어 개발자의 행위를 제한하는 법안을 발의했다. 비디오의 자동 재생 기능과 마찬가지로 '무한 스크롤'을 금지하겠다는 것이었다. 새로운 규정에 따르면 소셜 네트워크는 사용자가 온라인상에서 보내는 시간을 표시해야 하며, 미리 설정되는 기본 제한 시간은 하루 최대 30분이었다. 당연하게도 이 법안은 안건으로만 남았지만, 그래도 이따금 누군가는 저항을 '시도'한다는 사실을 알게 되면 위안을 받는다. 죽었다 다시 태어나는 것 정도의 획기적 전환이 일어나지 않는 한 (별로 기대하지 않지만) '좋아요'와 '엄지 척' 사회는 계속될 것이다. 경제학자 라즈 파텔Raj Patel의 말을 빌자면, 웹의 거인들에게 스스로를 개혁하라고 요구하는 것은 빙산에게 타이타닉 호를 구하라고 요구하는 것과 마찬가지이기 때문이다.

1940년대 후반, 행동주의 심리학자 버러스 스키너Burrhus Skinner는

죽었다 다시 태어나는 것 정도의
획기적인 전환이 일어나지 않는 한,
'좋아요'와 '엄지 척' 사회는 계속될 것이다.
웹의 거인들에게 스스로를 개혁하라고 요구하는 것은
빙산에게 타이타닉 호를 구하라고 요구하는 것과
마찬가지이기 때문이다.

조작적 조건형성을 연구하고 특정 자극에 대한 피험자의 반응을 조사하기 위해 버튼과 지렛대를 바탕으로 한 선진적 실험을 수행했다. 그는 상자에 비둘기를 넣어두고 모이를 받아먹으려면 부리로 동그란 버튼을 쪼도록 훈련시켰다(이후로는 이 실험을 '스키너의 상자'라고 부른다). 배고픔, 버튼, 모이로 이어지는 매우 간단한 실험이다. 모이를 주는 시간을 점점 늦추면서 비둘기에게 가끔씩만 보상을 주면, 새가 쪼는 것을 멈출까? 보통은 다 그렇다고 예상할 것이다. 그런데 정확히 그 반대 현상이 일어났다. 오히려 새가 버튼을 쪼는 횟수가 늘어난 것이다.

유튜브를 찾아보면 60년대에 수행한 이 실험의 동영상을 볼 수 있을 것이다. 키가 크고 호리호리한 몸매에 검은 안경을 쓰고 있는 스키너는 몸을 흔들흔들 움직이면서 단조롭지만 확실한 목소리로(자기 자신에 대해 믿어 의심치 않는 확고한 목소리로) 말하는 스타일이다. 여성 조수 한 명이 높은 의자같이 생긴 실험대 위에 버튼과 구멍이 있는 상자를 놓고 그 앞에 흰 비둘기를 올려놓았다. 비둘기는 버튼을 제대로 누르면 그 구멍에서 먹을 것이 나온다고 기대할 것이다. 물론 스키너는 비둘기에게 모이를 주는 것이 아니라 사람들에게 비둘기의 행동을 보여주는 것에 관심이 있다. 이 실험은 매우 흥미로워서 몇 시간이고 봐도 지루하지 않을 것 같다. 새는 아무 보상도 받지 못한 채 강박적으로 버튼을 계속 쪼고 있다. 매번 조만간 모이 덩이가 떨어질 것이라는 희망 속에 행동에 대한 반응을 기다리느라 잠깐씩 멈춰가면서 말이다. 비둘기가 보여주는 끝없는 절망은 끔찍하지만 어딘가 친숙한 부분이 있다. 도시의 바 안, 어두운 홀에 앉아 비디오 포커 게임을 하는 사람들 또는 페이스북 게시판에 머물러 있는 우리를 연상시키는 것이다. 스키너가 이반 파블로프의 연구('조건 반사'를 발견한 유명한 개와 종소리 실험)와 에드워드 리 손다이크의 연구를 다시 하면서 밝혀낸 것은 강화 기술을 사용하여 행동을 '형성'하는 것이 가능하며, 일어날 결과와 논리적으로 전혀 상관없는 행동을 하도록 자극하는 것까지도 가능하다는 것이다. 이것이 수많은 미신의 바탕에 있는 원리다. 뿐만 아니라 소셜 미디어 중독이나 도박 중독의 원리이기도 하다. 무보상이 스키너의 비둘기로 하여금 강박적인 행동을 보이게 하고 스트레스와 불안감을 불러일으킨 것은 우연이 아니다.

나는 스키너의 비둘기나 가변적 보상, 도파민 시스템과 특정 신경 영역의 활성화와 관련된 모든 것이 의문스럽다. 페이스북과 기타 소셜 미디어의 제작자들은 그리고 심리학 과정도 아닌 공대를 나온 젊은 엔지니어 및 데이터 과학자들은 도대체 무엇을 알아냈던 것일까? 그들이 만든 소셜 미디어가 우연히 인간의 행동을 그렇게 완벽하게 조작할 수 있었다는 게 말이 되는가?

몇 달 전, 뉴욕에서 만난 신기술의 전문가 니르 이얄Nir Eyal은 다음과 같이 말했다 "누군가는 저커버그가 하버드 기숙사 방에서 어느 날 아침에 일어나서 짠 하고 페이스북을 만들었다고 상상하겠지만, 그렇지 않습니다. 우리는 이 실리콘 밸리의 신사들이 운이 좋았다고 생각하지만 소셜 미디어의 창립자들은 자신이 하고 있는 일이 무엇인지 정확히 알고 있었습니다." 분명한 생각을 가진 사람들이 보통 그렇듯이, 제스처를 섞어가며 굉장히 빠른 속도로 말하면서 나를 응시하던 그의 날카로운 눈빛을 아직도 기억한다. 그는 단순 명료하며, 확실한 태도로, 적절한 타이밍에는 말을 잠깐 멈추면서, 완벽한 구조의 문장을 구사했다. 그리고 나처럼 영어를 잘 하지 못하는 사람도 이해할 수 있도록 명확한 사례를 들어가며 설명했다.

이얄은 대중 앞에서 말하는 데 익숙하고 또 자신의 이야기에 귀 기울이게 만드는 데도 익숙한 사람이다. 해마다 그는 샌프란시스코에서 습관을 주제로 한 대규모 컨퍼런스 'HAB Summit'를 조직하는데, 사람들이 어떻게 온라인에 연결되는지에 대한 그의 강연을 듣기 위해 전 세계에서 프로그래머와 기업가들이 몰려온다. 1인당 1,700달러의 참가비를 낸다는 이야기가 있다. 미팅 내내 이얄은 호텔이 우리에게 제공한 아침 식사용 작은 룸을 정리하고 있던 청소 아주머니들과 바로 옆에서 커다란 아침 식사 테이블을 시끄럽게 옮기고 있던 웨이터들의 존재를 알아차리지 못할 정도로 집중하고 있었다. 나는 그 난리 속에서도 대화의 맥락을 놓치지 않는 이얄이 정말 대단해 보였다. 나는 들락날락하는 사람들 때문에 정신이 없었는데 말이다. 그는 주의를 집중된 상태로 계속 유지하고, 집중력을 폭발하듯 발휘할 줄 아는 사람이었다.

테크놀로지 산업의 컨설턴트로 일했던 니르 이얄은 자신의 시간을 나누어, 절반은 기업에게 소비자를 속여서 낚시 바늘로 낚아채는 방법에 대해 가르치는 데 보내고(미국에서 잘 알려진 그의 저서의 제목이 《훅Hooked》이다), 나머지 절반은 소비자들에게 그 기업들에 속지 않고 낚이지 않는 방법을 가르치는 데 보낸다. "저커버그가 하버드에서 공부했고, 컴퓨터 공학을 전공했다는 것은 누구나 알고 있지만 그가 심리학도 전공했다는 사실을 아는 사람은 드뭅니다. 그리고 저커버그만이 아닙니다. 인스타그램의 케빈 시스트롬Kevin Systrom과 링크드인의 리드 호프먼Reid Hoffman 등 주요 소셜 네트워크의 창립자 중 다수는 심리학을 공부했습니다. 그들은 당신으로 하여금 클릭하도록 만드는 것이 무엇인지 잘 알고 있습니다. 당신 머릿속에서 무슨 일이 일어나는지 당신보다 더 잘 알고 있을 것입니다. 그들은 사람들이 어떻게 행동하는지 예상하고 자신들의 제품을 고안한 것입니다. 알고리즘이 우리에게 지루한 것 옆에 흥미진진한 것을 내놓는 것은 주의 집중의 수준을 지속적으로 높게 유지하는 데 중요하기 때문입니다. 소프트웨어는 우리가 무엇을 좋아하는지 완벽하게 알고 그것들을 교묘하게 섞습니다." 그는 말을 잠시 멈추고 물을 마셨다. 그 물은 그의 말을 잠깐 멈추게 하려고 내가 주문한 것이다. 내 두뇌에도 약간의 쉬는 시간이 필요했기 때문이다. 안 그랬으면 폭포처럼 쏟아지는 그의 말에 내 두뇌는 압사하고 말았을 것이다. "페이스북은 그것을 즉시 이해했습니다. 반면에 트위터는 처음에는 콘텐츠를 시간 순으로 표시했지요. 알고리즘을 사용하는 지금은 더 잘 먹히고 있죠! 사람들을 더 빨리 낚아채서 그들의 머릿속에 가변적 보상 회로를 촉발시킬수록 습관을 만들어낼 가능성은 더 높아집니다. 우리가 게시판을 계속해서 스크롤하고 또 하는 가장 큰 이유는 다음 보상을 기대하기 때문입니다. 스키너 박사의 비둘기처럼요."

얄궂게도 우리는 소셜 미디어, 슬롯머신, 포커, 사랑과 같은 예측할 수 없는 것들에 끌린다. 불확실성은 가장 강력한 최음제다. 우리는 행동보다 잠재력에 더 매료되며, '성격'이나 '매력', '자극'에 대해 이야기하는 것을 좋아한다. 내 방 창가로 다가갔다. 여러 해가 지났는데도 로마의 햇살은 여전히 나를 설레게 한다. 이 햇살 같은 절대적인 아름다움에 익숙해지고 더 이상 그 존재를 알아차리지 못하게 되는 것이 가능할까? 내 생각에 아마 결코 그리 되지는 않을 것 같다.

맞은편 건물 지붕에서 비둘기 떼가 날아오른다. 까마귀나 갈매기 떼인지도 모르겠다. 새들은 하늘을 길게 선회하며 고음을 내뱉는다. 갓난아기 울음소리 같았다. 희미한 덩어리에서 질서정연한 새 떼가 되어 다음 음식더미를 향해(쓰레기통은 그들을 위해 잘 차려진 식탁이다), 다음의 즉각적인 만족을 향해 날아가는 모습을 바라봤다.

내 테라스에는 매일 검은지빠귀 한 마리가 찾아온다. 이따금 내가 식탁보를 털 때 바닥에 떨어지는 빵부스러기를 노리는 것이다. 식탁보 터는 일을 자주 잊어버리곤 하지만 그래도 녀석은 계속해서 찾아온다. 록 밴드 레너드 스키너드Lynyrd Skynyrd의 노래 "새처럼 자유롭게"에 이런 구절이 있다. "나는 새처럼 자유로워서 / 산꼭대기에서 손을 흔들지"

그래, 나도 새처럼 자유롭고 싶다.

6

독서의 죽음

체계적이지 못한 사람들이 그렇듯이 나도 습관에 기대어 살아가고 있다. 정확히 말하자면, 나의 무질서함을 의례화하는 것이다. 나는 의례와 같은 일련의 규칙과 반복적 행동에서 벗어나 자유분방하게 발산하려는 나의 기질을 억누르려고 노력한다. 물론 무엇을 해보겠다는 욕심이 생기면 언제든 그쪽으로 마음을 바꿀 용의가 있지만, 대개는 그저 몇 가지 사소한 습관을 갖는 것만으로도 만족한다. 예를 들어, 수요일에는 극장 가기, 출근길에 에스프레소 한 잔 마시기, 점심시간에 수영장 가기, 일요일에는 와플 먹기, 아침은 아몬드 3개와 바나나 먹기 같은 사소한 일들 말이다. 혼자서 또는 누군가와 함께 할 만한 일상 속의 소소하고 평범한 일들은 혼돈 가득한 삶에서 굴러다니는 쇠구슬을 모으는 자석 같은 효과를 발휘할 반복의 힘이다.

달이 차고 기우는 것, 해가 뜨고 지는 것, 계절의 순환, 우주의 모든 것이 반복된다. 우주라는 단어의 어원은 그리스어 '코스모스'인데, 이 말 자체도 혼돈에서 탄생한 질서를 의미한다. 나는 체계적인 사람들의 엄격함과 계획성이 늘 부러웠다. 그것이 더 이상 빠져나오지 못할 새장이 된다 해도. 때로는 선택의 여지가 없다는 것이 선택을 단순하게 해주기도 하기 때문이다.

불행하게도, 내 모든 결심은 항상 예측불허의 엔트로피를 향한 나의 성향과 충돌했고 나는 그 무엇에도 끝까지 충실한 적이 없었다. 그래도 그 때문에 낙담한 적은 없었다. 추락할 때마다 나는 언제나 에너지로 가득 차서 돌아왔고, (실패할지도 모를) 새로운 일을 할 준비가 되어 있었다. 예를 들어, 몇 달 전에 나는 아주 친한 한 친구와 매주 점심을 같이 먹는 것을 정례화해야겠다는 생각이 들었다. 아예 서로 만날 수밖에 없도록 만들어서 시간의 덫에 빠지지 않기 위한 방법이다. 정신과 상담을 가는 것처럼, 약속을 정해 지키지 않을 수 없는 규칙으로 못을 박는 것이다. 목요일 점심처럼 구체적인 시간을 정할 필요가 있었다. 이 생각을 나의 소중한 친구인 알렉산드라에게 제안했다. 그녀는 로마 중심부에 있는 한 인문계 고등학교(아마도 인문학 과목으로 도시에서 가장 유명한)에서 20년 이상 라틴어와 이탈리아어를 가르치고 있었는데, 존경받는 교사로 명성이 자자했으며, 여러 세대의 학생들에게 인정을 받고 있었다.

알렛산드라와 나는 수년 전부터 로마 프라티Prati 지구를 돌아다녔지만 자주 마주치지는 못했다. 우아한 거리와 움베르토 양식의 건물들이 있는 프라티 지구는 아주 좁은 동네로 그곳에서 마주치지 않는다는 것은 거의 불가능한 일이다. 한 사람은 방송국에서 일하고 다른 한 사람은 학교에서 일하지만 않는다면 말이다. 그렇게 되면 두 사람은 런던과 테헤란처럼, 다른 시간대를 살아가게 된다. 나는 그 친구를 자주 만날 수 없어 늘 아쉬웠다. 그녀와 이야기를 나누고 나면, 나는 언제나 전전두엽 피질에 새로운 회로가 추가된 것 같은 느낌이 들었다. 그녀의 두뇌는 모든 일에 깊이 파고들어 거리가 아주 먼 것 같은 세부 사항들 사이에도 연결을 만들어 내고, 그것들을 미묘한 뉘앙스가 가득한 분석으로 전환시키도록 훈련된 것 같다. 기껏해야 의견 하나 정도 가지는 사람들의 세계에서 그녀는 뛰어난 통찰력을 보여준다. 나는 이것이 단순히 재능이 아니라 그녀가 절대로 포기한 적 없는 부단한 독서 습관과 관련이 있지 않을까 늘 생각했었다. 인류세人類世 말기에 일어난 인터넷과 소셜 미디어의 폭발 한 가운데서 독서는 거의 반체제 행위에 가까운 선택이 되었다.

우리는 목요일 오후 1시 30분에 바인시차Bainsizza 광장에 위치한 이

인류세 말기에 일어난

인터넷과 소셜 미디어의 폭발

한 가운데서 독서는 거의 반체제 행위에

가까운 선택이 되었다.

르마라는 식당에서 만나기로 했다. 볼 만한 것이 아무것도 없는 바인시차 광장과는 달리(광장이라고 이름 붙여질 만한 것이 없는 곳이다. 그냥 '로터리'라고 부르면 됐을 것을. 그랬으면 별다른 기대도 하지 않았을 텐데 말이다), 조그만 이 비스트로는 우아함이 가득한 식당이다. 우리는 한쪽 벽을 정원처럼 꾸민 구석의 작은 테이블에 앉았다. 그 벽에는 다육식물들이 서로 다른 높이에 매달려 중력에 저항하고 있었다. 지나가던 웨이터가 내 친구의 서류철을 건드려 테이블에서 떨어뜨리는 바람에 반으로 접힌, 줄이 그어진 수십 장의 종이들이 바닥에 흩뿌려졌다. 나는 그녀를 도와 심하게 휘갈겨 쓴 글씨들이 가득한 종이들을 모았다.

"학생들이 쓴 작문 초고인가 보네." 내가 말했다. 알렛산드라가 슬며시 미소를 지었다(가끔 그녀는 이탈리아어와 라틴어 선생님이라기보다 라파엘 전파의 그림에 나오는 마돈나를 생각나게 한다). "아니, 초고가 아니라 최종본으로 제출한 원고들이야. 4학년과 5학년 작문 과제인데, 내가 다 고쳐줘야 하는 것들이지." 그녀는 서둘러 덧붙였다. "아주 똑똑한 아이들이야. 단지 글을 어떻게 쓰는 줄 몰라서 탈이지. 많은 아이들이 블록체를 써. 더 이상 필기체를 쓸 줄 모르거든. 더 이상 글씨를 손으로 쓸 줄도 잘 모르고, 썼다 하면 읽을 수도 없게 써. 엉망진창이지." 작문 종이들을 친구에게 건네주기 전에 내 시선이 종이 위로 미끄러진다. 솔직히 나는 이렇게 엉망으로 갈겨쓴 '최종본'은 한 번도 본 적이 없었다. "하지만 이건 아무것도 아니야." 그녀는 말을 이었다. "심각한 것은 구두점이지. 아이들은 한 페이지 전체를 행간이나 쉼표도 없이, 다음 줄로 문단을 바꾸지도 않고, 문장들을 끝도 없이 길게 쓰거든. 봐봐." 그녀는 나에게 단어로 꽉꽉 찬 종이를 건넨다. 나는 읽기 시작했다. 얼핏 보기에는 조이스의 《율리시스》에 나오는 몰리 블룸의 독백과 같이(그냥 얼핏 보기에 말이다), 줄 바꿈이나 마침표나 쉼표도 하나 없는 무한한 의식의 흐름이 내 눈 아래로 흘러간다(조이스는 자신의 마지막 작품인 《피네건의 경야Finnegans Wake》의 초고를 퇴고하면서, 일부 구절에는 스스로도 당황해서 쉼표를 넣는 것이 좋겠다고 생각했다고 한다).

사실 구두점은 기호에 대한 감상적 애착의 문제거나 속도의 문제가 아니다. 친구는 샐러드를 한 입 먹고는 강조하며 말했다. "구두점은 상대방과 상호 작용하는 방법이야. 대화와 존중의 한 형태이기도 해. 글을 쓰면서 상대방이 내가 쓴 것을 이해할 수 있게 하는 거지. 상대방에게 강독의 열쇠를 주는 거야. 하지만 요즘 학생들은 이런 걸 신경 쓰지 않아. 무례하거나 피상적이어서가 아니야. 오히려 대부분은 훌륭한 아이들이지. 그저 상대방이 자신의 말을 이해하든 말든 중요하지 않을 뿐이지. 아이들은 머릿속에 자신만의 생각을 갖고 있고, 그것을 이해하고 말고는 상대방의 문제인 거야. 이 아이들은 스마트폰에 글자를 찍는 속도가 너무 빨라서 전화로 말하는 것보다 문자를 보내는 게 더 빠른 세대야. 아이들은 채팅을 하는데 채팅에서는 더 이상 구두점을 넣지 않지. 작문을 할 때도 마찬가지야. 아이들의 작문을 읽을 때는 문장의 의미를 재구성해야 하고 어디서 쉬어야 하는지 찾아야 해. 진짜 중노동이지."

친구가 말하는 동안 나는 작문 종이 중 하나를 응시하면서, 내가 그것들을 잘못 평가했음을 깨달았다. 중간에 숨을 쉬기 위한 구두점 하나 없이, 소문자들로 가득 찬 그 종이들은 조이스의 글보다는 고대 비문들에 적힌 끊김 없이 줄줄이 이어지는 글을 더 떠올리게 하는 것들이었다. 이 아이들의 글은 마치 천 년 전에는 존재했으나 역사적으로 버림받은 글쓰기의 형태로 퇴보한 것 같았다. 나는 끊김 없는 글쓰기에 대한 기억을 샅샅이 뒤져, 내가 오래전에 보았던 방송국 시험에 대한 기억을 떠올렸다. 아주 읽기 쉬운 표현 형식은 아니었다. 아니 솔직히 그것은 매우 어려운 글쓰기였다. 중간에 끊어지는 곳 한군데도 없이 전체가 하나로 이루어진 일련의 단어들의 연속으로, 어디서 한 단어가 끝나고 다음 단어가 시작되는지 위치를 설정하기 위해 먼저 머릿속으로 음절들을 또박또박 발음해보고, 텍스트의 의미를 파악할 때까지 큰 소리로 여러 번 읽어봐야 하는 것이었다. 바로 오늘날 아이들이 하는 것과 같은 구술이 바탕이 된 글쓰기다.

이것은 단지 쉼표의 문제가 아니다. "나는 글로 적힌 텍스트에 대한 아이들의 이해도가 점점 더 떨어지는 것 같아 걱정이야. 아이들은 공부도 하고 흥미로운 이야기도 할 줄 알지만 확실히 이전 세대의 또래들보다 부족한 게 사실이야. 지금 내가 보는 오류들은 20년 전에는 상상조차 할 수 없었던 것들이거든." 알렛산드라는 손을 뻗어 한 작문 종이를 뒤적여 찾더니 내게 보여주었다. "예를 들면 이런 거야. 내가 작문 주제로 여성 문제를 내줬거든. 제목 속에 들어 있는 핵심 단어는 '해방'이었지. 옛날에는 학생이 어떤 단어의 정확한 의미를 모르겠으면, 어떻게 했어? 사전을 찾아서 알아내거나 선생님에게 물었잖아. '선생님, 이 단어가 무슨 뜻인지 정확히 알려주시겠어요?'라고 말이야. 즉, 자신이 모른다는 것을 자각했고, 의심에 대한 경험을 쌓았지. 이거야말로 세상을 살아가는 데 있어 꼭 필요한 거잖아." 나는 고개를 끄덕였다. 델포이의 신탁에 따르면, 소크라테스는 모든 인간 중에 가장 현명한 사람이었다. 자신이 모른다는 사실을 알고 있었기 때문이다.

식어가는 파스타를 포크로 한 입 먹었다. 나도 샐러드를 시켰으면 낫지 않았을까 하는 의심이 들었다(이것은 의심하는 훈련에 대한 내 개인적인 방식이다). 친구는 이야기를 계속 했다. "그런데 요즘 아이들은 안다는 것을 너무 당연하게 여기고 있어. 자신이 실수할 가능성에 대해서는 털끝만큼도 생각하지 않아. 나는 이것이 항상 인터넷을 들여다보고, 모든 해답을 너무나 손쉽고 빠르게 얻을 수 있는 현실과 관련이 있다고 생각해. 더 이상 아이들은 자신의 무지를 반성할 필요가 없어졌어. 여성의 역할에 대한 작문 과제 중, 한 학생이 쓴 글을 읽으면서 난 완전 미치는 줄 알았어. 굉장히 똑똑한 아이였는데 말이야. 아이가 쓴 글에서 무슨 소리인지 알아먹을 수 있는 부분이 전혀 없더라고." 그 학생은 '해방'이라는 단어를 정반대 의미, 즉 '복종'과 '여성의 예속'이라는 의미로 해석했고, 이 해석상의 오류를 바탕으로 하여 글을 전개했다고 한다. 알렛산드라는 다음과 같은 결론을 내렸다. "스마트폰과 인터넷 액세스가 이렇게 쉽지만 않았더라도 이런 일이 일어나지 않았을 거야."

나는 그녀의 이야기에 집중하다가 차갑게 식은 파스타를 보며 이런 의문이 들었다. 고등학교에서, 그것도 내 친구가 근무하고 있는 우수한 고등학교에서 그러한 유형의 오류가 나온다는 것이 말이 되는가? 당연히 그 정도는 알 것이라고 생각했던 아이들의 무지를 더 이상 천진난만하다는 말로 넘어갈 수는 없을 것이다. 요는 더 이상 우리가 그 무엇도 당연한 것으로 여길 수 없게 되었다는 것이며, 아이들의 두뇌가 약화되고 있다는 것보다 더 충격적인 일은 없다는 것이다.

나에게는 사춘기에 접어든 자녀가 둘 있다. 화면으로 보지 않으면 거의 아무것도 읽지 않고, 책에 적힌 밋밋한 글에는 지루해하며, 학교 과제로 조사해야 할 것이 생기면 곧바로 위키피디아로 직행한다. 그거라도 하니 다행인가 싶기도 하다. 얼마 전에 한 친구가 내게 아홉 살짜리 딸이 학교 숙제를 하는 동영상을 찍어 보내준 적이 있었다. 아이는 애플의 디지털 어시스턴트 시리에게 《작은 아씨들》에 관한 질문을 하고 있었다. "시리, 이 소설의 이야기가 펼쳐지는 곳은 어디야? 시리, 여자 주인공들의 이름은 뭐야?" 구글에 단어를 입력하고 검색한 내용을 복사해서 붙여넣기 하는 것조차 이미 피곤한 일이 되어버린 것이다.

나는 정보를 검색하던 중, 이탈리아의 기능적 문맹에 대한 OECD의 PIAAC Programme for the International Assessment of Adult Competencies(국제 성인

역량 평가 프로그램)의 조사 결과를 보게 되었다. 기능적 문맹은 사람들이 일상생활에서 접하는 기본적인 글을 이해하거나 평가·사용하지 못하는 인지력 감퇴의 한 형태다. 이 자료는 2013년의 것이지만, 뭐라 반박할 말이 없는 처참한 결과를 보여주었다. 이탈리아는 유럽에서 가장 무지한 국가(우리 뒤에는 터키밖에 없다)이며, OECD 국가 전체 랭킹에서는 끝에서 4위로, 최하위권에 있는 것으로 나타났다. 4명 중 1명은 '미숙련자'로 '직장생활과 자유시간의 다양한 상황에서 요구되는 기술'이 부족하다는 것이다. 나는 알렉산드라가 보여주었던 학생들의 그 작문 원고들이 떠올랐다. 낙서 같은 글씨들이 가득하고 끝도 없이 이어지는 문장들로 이루어진 그 원고들 말이다. 이탈리아 현대사에서 가장 유명한 언어학자 중 한 명인 툴리오 데 마우로Tullio De Mauro는(말이 나온 김에 덧붙이자면, 그는 84세의 나이까지 스마트폰을 한 번도 써본 적이 없었다) 10여 년 전에, 우리가 책을 읽는 습관에서 멀어지면 겪게 될 퇴보에 대한 강연을 했다. 그는 강연에서 이탈리아 인구의 20퍼센트만이 복잡한 사회에서 운신에 필수적인 최소한의 읽기, 쓰기 및 계산 능력을 보유하고 있다고 말했다. 즉 이탈리아인들은 10명 중 2명만이 그래프를 이해하고, 은행 거래 내역을 올바르게 확인하고, 신문이나 공고문을 제대로 읽을 줄 안다는 뜻이다. 당시에는 과장된 예측처럼 보였지만, 오늘날 우리는 그의 말이 전혀 과장이 아님을 알게 되었다.

마우로의 의견까지는 어떻게든 수용을 해보겠지만, PIAAC의 결과는 너무 터무니없어서 다른 세계의 이야기나 외계인들이 보내온 보고서 같기만 하고, 내가 처한 현실과는 거리가 먼 것 같았다. 어떤 식으로도 그 수치들은 나에게 공감을 불러일으키지 못했으며, 너무 과장된 것이 아닌가 하는 생각이 들었다. 나는 그 조사에 참여한 누군가와 이 실망스러운 데이터에 대해 이야기를 나눠보고 싶었다. 몇 번의 시도 끝에 나는 OECD 프로젝트를 책임지고 있는 프란체스카 보르고노비Francesca Borgonovi 박사와 연락이 닿았다. 보르고노비는 유니버시티 칼리지의 연구원으로 런던에 살고 있어서 우리는 스카이프를 통해 대화를 나누었다. 그녀 덕분에 나는 처음으로, 그 숫자들 뒤에는 내가 상상했던 것보다 훨씬 더 나와 가까운 평범한 사람들이 있다는 것을 알게 되었다. 그들은 우리 모두를 대신하여 연구원들 앞에서 자기 자신의 약점을 그대로 드러내준 사람들이었다. 누군가가 내 집에 와서 온갖 질문을 하도록 허락하는 것은 쉽지 않은 일이다. 또 그 질문들은 얼핏 보기에는 매우 간단하다고 생각했지만(이 질문들은 5단계로 나뉘어져 있다) 막상 대답하려니 어떻게 말해야 할지 모르겠는 그런 질문들이었다. 내가 그들의 입장이었다면 아마 말을 더듬거리면서, 어떻게든 바보처럼 보이지 않을 대답을 찾으려고 허우적댔을 것이다. 공부도 할 만큼 한 사람이라고, 뒤처지지 않게 정보도 얻고 있고, 매일 인터넷으로 뉴스도 읽는다면서 한심한 변명으로 나 자신을 정당화하면서 말이다. 그러는 와중에 블랙홀에 빠져드는 것처럼 점점 더 머릿속의 구멍 속으로 빨려들고 있었을 내 모습이 눈에 선하다. 자신과의 무자비한 대결에 과연 나는 맞설 수 있었을까? 보르고노비의 말에 따르면, OECD의 조사는 인터뷰 대상자의 집에서 얼굴을 맞대고, 오랜 기간 많은 비용을 들여 진행되었다고 한다. 조사가 10년 단위로 진행되는 이유도 바로 이러한 어려움 때문이며, 이 작업은 매우 높은 수준의 정확성을 요구한다고 한다.

이탈리아에서는 지방 자치 단체들의 등기부에서 사회경제적 배경과 소득 및 건강 상태를 고려하여 선발한 약 1만 2천 명의 사람들이 연구에 참여했다. 질문은 모든 OECD 국가에서(총 20만 명) 동일하게 적용되며, 일반교양에 대한 것은 없었다. 인터뷰 대상자는 추론과 이해, 숫자 및 컴퓨터 능력에 대한 테스트만 수행했다. 일부 질문은 기본적 수준의 것이었다. 예를 들어, 슈퍼마켓에서 판매되는 4개 품목에는 상품명, 킬로그램당 가격 및 포장 날짜가 명시되어 있는데, 참가자들은 이중 먼저 포장된 것이 어느 것인지 고르거나 라벨을 읽고 유통기한을 알아내야 했다. 또한 어떤 문제는 논리적 사고에 대한 것이었는데, 세 사람이 시간대가 서로 다른 세계의 3개 도시에 흩어져 살고 있는데, 서로 이야기를 나누려면 몇 시에 전화를 걸어야 하는지를 이해하는지 알아보는 문제다. 그 외에도 약의 복용 설명서를 읽고 이해하는 것과 같은 간단한 질문에서부터 6개 회사의 취업 공고를 읽고 이중 어느 회사가 야간 근무자를 찾고 있는지 알아내는 것 등 텍스트의 이해에 관한 문제들이 있었다. GMO(유전자변형 농수산물)에 대한 일련의 연구를 분석한 글을 읽고 유전공학이라는 주제에 대해 가장 덜 유용한 정보를 주는 출판물을 구별해내는 것 같은(이것은 '가장 덜 유용한'과 같은, 부정적인 것을 물어봄으로써 혼란에 빠뜨리려는 질문으로 보인다) 좀 더 복잡한 문제(5단계)도 있었다.

OECD의 프로그램 결과는 우리에게 이탈리아 성인의 고작 3퍼센트만이 중상급 언어 능력 수준에 도달해 있고, 수학 능력과 관련해서는 성인의 3분의 1이 기본 수준을 넘지 못한다는 현실을 보여주었다. 3퍼센트면 인구 6천만 명 중 약 18만 명이 그렇다는 이야기다. 이는 순수한 인지적 생존을 나타내는 수치다. 하지만 이뿐만이 아니다. 보르고노비는 이 연구가 오류와 격차를 수량화하는 데만 필요한 것이 아니라 사람들이 생각하는 방식, 어떤 문제에 대한 해결책을 찾는 데 사용하는 메커니즘을 이해하는 데도 필요한 것이었다고 설명했다. 어떤 해답에(틀린 답이라도) 도달하는 방법을 이해하는 것은 종종 그 해답 자체보다 더 흥미로운 결과를 보여주는 것이다. "사람들이 복잡한 문제에 직면하면 쉽게 포기해 버린다는 것을 우리는 알게 되었습니다. 인내력이 많이 줄어든 것입니다. 스포츠계에서 말하는 어려움을 극복하는 데 필요한 투지, 절제력, 훈련 정신은 더 이상 없습니다. 이제 사람들은 장애물에 직면하면 포기하고 맙니다."

프란체스카 보르고노비와의 대화는 나를 불안하게 만들었다. 알렛산드라가 보여주었던 고등학교 작문 종이들이 다시 머리에 떠올랐다. 우리가 그 식당에서 만났을 당시에는 읽기, 수학 및 과학에 대한 15세 청소년의 능력을 평가하는 'OECD-PISA(국제학생 평가 프로그램)' 보고서 결과 자료는 아직 나오지 않았었다. 그 결과 역시 참담했다. 며칠 전에 신문을 펼치고 나는 이탈리아 학생 4명 중 1명이 읽을 줄은 알지만 읽은 내용을 이해하지는 못한다는 것을 알게 되었다. 예를 들어, 중간 길이의 텍스트에 들어 있는 핵심 주제를 파악하지 못한다는 것이었다. 20명 중 1명만이 팩트와 의견을 구별할 줄 안다고 했다. 또한 과학 부문의 역량도 더 나빠졌다. 그나마 수학에서는 조금 나았다.

나는 긴장을 풀기 위해 밖으로 나가서 산책을 하기로 했다. 밖에는 살을 에는 듯한 매섭고 차가운 북풍이 불고 있었다. 하늘도 흐려져 비둘기 색이었다. 나쁜 생각을 떨쳐버리는 데 전혀 도움이 되지 않는 색이다. 나는 재킷을 단단히 여미고 무뚝뚝한 표정으로 고개를 숙인 채 앞으로 나아갔다.

거리에는 쓰레기가 여기저기 넘쳐흘러서 꼭, "나는 존재한다!"라고 외치는 것만 같았다. 마치 자신들의 존재를 각인시키기에는 역겨운 부패의 냄새만으로는 충분치 않은 것처럼 말이다. 몇 년 전 여름, 갑자기 길거리에 나타나 사라질 줄 모르는 그 냄새는 이제 이 도시의 일부가 되어, 쓰레기통이 비어 있을 때에도 스멀스멀 올라온다. 부패의 냄새를 맡으며 걷다보니 한 줄기 빛이자 희망인 장소가 나타났다. 동네의 작은 서점이다. 나는 책의 알록달록한 표지들과 빨간 색 배경에 검은 글씨, 흰색, 다양한 판형, 통로에 붙여놓은 사진들을 가만히 둘러보고는 지식 보존의 전초 기지 안으로 들어갔다.

선반 사이를 다니며 책등을 손으로 쓸어보았다. 어떤 책은 뽑아서 여기저기 훑어보기도 했다. 이것은 손에서 뇌로 전달되는 물리적 쾌락으로, 신선한 산소처럼 뇌를 숨 쉬게 한다. 서점의 손님들에게 완전히 무시당한 한쪽 구석의 사전 코너가 나를 끌어당겼다. 그곳에는 아름답고 두껍고 단색 표지로 된 사전들이 가득했다. 이탈리아어-프랑스어 사전, 라틴어 사전, 영어판 기술 사전, 이탈리아어 문법 사전 등등 다양한 사전들이 나를 반겼다. 예전에는 학교에서 연구 과제를 수행할 때 사전이나 백과사전 없이는 불가능했었던 때도 있었다. 책장을 넘기는 수고와 느림, 정확한 정의를 찾고 올바른 의미를 선택하는 것, 눈이 종이 위로 기어다닐 수밖에 없게 만드는 깨알 같은 글씨로 적힌 장들을 읽어나가는 과정이 필요했던 것이다. 그런데 지금은 이 모든 것이 주머니 속에 들어 있는 도구 하나로 가능한 일이 되었다.

오늘날에는 그 누구도 더 이상 "나는 모른다"라고 생각하는 것조차 허용되지 않는 것 같다. 이따금 내 입에서 그 말이 나올 때면, 옆에서 스마트폰을 들고 내 눈앞에서 군악대장의 지휘봉처럼 돌리면서 눈을 찡긋하고는 "오케이! 구글, 이 단어가 뭐야?"라고 물어보는 사람이 꼭 있다. 어떤 대답을 할 시간조차 주지 않고, 검색 엔진은 네트워크의 심연을 파헤쳐 우리에게 정답을 내놓는다. 굴욕적이고, 때로는 기분이 상하기도 한다. 가끔은 모른다고 말한 것에 대해 사과라도 해야 할 것 같다.

가끔은 무언가를 모른다는 것, 의심에 빠진다는 것이 참으로 위안이 되었는데, 이제 우리는 더 이상 그럴 수 없게 되었다. 단어들의 올바른 문자열을 입력하기만 하면 엄청난 양의 온라인 정보들 사이에서 우리에게 필요한 것들을 찾을 수 있기 때문이다.

문제는 답에 쉽게 접근할 수 있기 때문에 답이 쉽다고 믿게 되었다는 점이다. 우리는 자신이 실제로 아는 것보다 훨씬 더 많은 것을 알고 있고, 그것이 옳다고 확신한다. 그러나 자신이 옳다고 믿는 것은 틀릴 수 있는 가장 빠른 길이다. 아주 오랫동안 나는 어떤 주제에 대해 가장 능력이 떨어지는 사람들이 스스로에 대해 가장 확신하는 이유가 무엇인지 의문이었다. 그러다가 나는 이것 또한 학술적인 이름을 가지고 연구되고 있음을 발견했다. 두 심리학자 데이비드 더닝David Dunning과 저스틴 크루거Justin Kruger의 이름을 따, 더닝 크루거 효과라고 부르는 것이 그것이다. 이들은 자신감과 오류의 상관관계, 즉 낮은 인지력과 자신의 우월성에 대한 편견과의 관계를 입증했다. 사람들은 아는 것이 적을수록 자신이 많이 알고 있다고 더 확신한다는 것이다.

주위를 돌아보니 나는 수백 권의 책에 둘러싸여 있었다. 얼마 전까지만 해도 상상조차 할 수 없었던 많은 양의 뉴스와 데이터를 읽을 수 있는 이 역사적인 시대에, 새로운 유형의 문맹을 마주하고 있다는 사실이 놀랍기만 하다. 샌디에이고대학교에서는 우리가 다양한 장치에서 매일 얼마나 많은 기가바이트를 소비하는지

가끔은 무언가를 모른다는 것,
의심에 빠진다는 것이 참으로 위안이 되었는데,
이제 우리는 더 이상 그럴 수 없게 되었다.
단어들의 올바른 문자열을 입력하기만 하면
엄청난 양의 온라인 정보들 사이에서
우리에게 필요한 것들을 찾을 수 있기 때문이다.

계산했다. 그 수치는 약 34기가바이트, 대략 10만 단어에 해당하며, 이는 거의 소설(또는 일반적인 학생용 사전) 한 권에 해당하는 단어 수다. 문제는 우리가 이 10만 개의 단어를 소설 텍스트를 읽는 것처럼 지속적으로 집중해서 읽는 것이 아니라 점점 더 짧은 시간으로 쪼개어, 서로 다른 수십 개의 출처에서 나온 조각들로 읽는다는 것이다(또 다른 연구에 따르면, 20대의 젊은이들은 한 시간에 27번, 하루에 150번 정도 정보 출처를 바꾼다고 한다). 문득 어디선가 읽은 수학자 앙리 푸앵카레Henri Poincaré의 말이 떠오른다. "돌을 쌓아 올렸다고 해서 집이 아니듯이, 정보를 쌓아 올렸다고 해서 과학이 아니다."

온라인에서 끝도 없는 양의 정보를 읽지만 남는 것이 전혀 없거나 아주 조금에 불과한 일이 최근 내게도 일어나고 있다. 마치 뇌가 밑 빠진 독이 되어버린 것처럼 말이다. 어쩌다 이렇게 되었을까? 내게 무슨 문제라도 있는 것일까? 화면에서 읽은 내용을 기억 속에 고정시키지 못하는 이유는 무엇일까? 혹시 내가 독서의 열매를 누리는 능력을 잃어버린 것일까? 언제 그렇게 된 거지? 왜? 나는 서점 안에서 책으로 둘러싸여 있지만, 우리는 종이로 된 이 물리적인 책들을 더 이상 읽지 않는다(인정할 수밖에 없어 유감이다). 조금 있으면 '독자'라는 단어를 인터넷에서 구글링해야 할 판이다. 2018년, 이탈리아 통계청Istat은 "2017년에 10명 중 4명이 직업과 상관없이 최소한 한 권 이상의 책을 읽었다"고 보고했다. 밝은 면을 보려고 애쓴 뉴스였다. 노력은 가상하나, 내 귀에는 "10명 중 6명, 즉 나라의 절반 이상이 학업이나 업무상의 이유가 아니라면

1년 내내 단 한 권의 책도 읽지 않았다"는 소리로만 들렸다. 나는 갑자기 마음이 심란해져서 서점을 나와버렸다.

집에 돌아와서 나는 다시 조사에 몰두했다. 그러다가 디지털 독서의 기능에 관한 주요 연구 센터들 중 하나가 네바다나 시드니의 외딴 대학이나 내가 지금까지 방문했던 대부분의 대학들처럼 캘리포니아에 있는 것이 아니라 파리의 과학 도시la Cité des sciences et de l'industrie(과학 산업관)에 있다는 것을 알게 되었다. 더 정확하게는 라 빌레트La Villette 공원 안에 위치하고 있었다. 그 사실에 나는 기뻤다. 파리에서 휴가를 보냈을 때 쌍둥이와 함께 여러 번 그 박물관에 갔기 때문에 사실 나는 그곳에 정이 듬뿍 들었던 것이다. 우리는 그곳에서 개미집처럼 사람이 바글바글한 가운데에서 생활하는 것이 신나는 일이라는 것도 느꼈고, 가상이었지만 달 위도 거닐었고, 각자의 마음속에 별이 들어 있다는 것도 배웠다. 내 기억속에 인상적으로 남아 있던 바로 그 장소로 가면 온라인에서 글을 읽을 때 뇌에서 무슨 일이 벌어지는지를 드디어 이해할 수 있을 것 같다는 생각만으로도 흥분이 되었다. 생각하고 말고 할 것도 없이 나는 다음날로 약속을 잡았다.

빌레트 공원에 있는 박물관에 도착했을 때, 나는 마치 이곳에 한 번도 와 본적이 없는 것 같은 기분이 들었다. 사실 나는 이 박물관의 구석구석을 잘 알고 있었다. 파리에 비가 올 때(그러니까 언제나) 네 살배기 아이들이 있는 부모들에게 이 박물관은 이상적인 피난처였다. 하지만 나는 400명의 관람객이 180도로 영화를 관람할 수 있는, 강철로 된 구 모양의 거대한 영화관 제오드La Géode 바로 앞에 문패 없는 조그만 문이 있고, 그 문을 통해 계단으로 내려가면 이름 없는 작은 방이 나온다는 것은 몰랐다. 바로 이 방이 루탱Lutin이 숨어 있는 곳이다. 루탱은 그 뜻 그대로 도깨비를 의미하는 것이 아니라, 디지털 정보 기술 사용 연구소Laboratoire des Usages en Technologies d'Information Numériques의 약자로, 파리 제8대학에 소속되어 2004년부터 디지털 기기 사용과 관련된 행동에 대한 연구를 진행해왔다.

반쯤 비어 있는, 별로 크지 않은 방 두 개로 이루어진 연구소는 매우 소박해 보이지만, 프랑스에서 가장 진보적인 시선 추적eye tracking 기술의 첨단 기지다. 이곳에서 연구원들은 시중에 존재하는 모든 안구 측정 장비들을 사용하여, 독서 중 신체의 행동을 모니터링할 수 있는 카메라와 각막의 반사를 통해 동공을 포착하여 눈의 움직임을 연구한다. 루탱의 과학 부문 책임자인 티에리 바치노Thierry Baccino는 제노바 출신이다. 그는 네모난 안경을 쓰고 있고, 짙은 눈썹에 친절한 눈빛을 하고 있었다.

바치노는 자신의 실험 공간으로 나를 데려갔다. 그는 내가 온라인으로 책을 읽는 동안 내 몸의 움직임을 관찰하고 싶어 했다. 내게 용접공의 고글과 흡사한 안경을 착용하게 했는데, 피부에 부착시킨 일련의 센서와 케이블에 연결된 이 안경은 모니터와도 연결되어 있었다. 내가 할 일은 태블릿 화면에서 기사를 읽는 것이었다. 실험이 끝나자 그는 내게 녹화된 영상을 보여주었고, 나는 몹시 놀랐다. 내가 머리와 몸통과 눈을 그렇게 끊임없이 움직이고 있다는 것을 전혀 몰랐었기 때문이다. 화면의 글을 읽는 동안 내 몸은 계속해서 앞뒤로 미세하게 흔들렸는데, 이것은 연구소의 정교한 장비만 감지할 수 있는 미세한 움직임이었다. 하지만 이 미세한 움직임은 인터넷의 복잡한 수풀 사이에서 무엇을 클릭할지, 어디로 갈지, 어느 페이지를 열지 선택하라고 인터넷이 보내는 수백 가지 신호 속에서 방향을 잡기 위해 애쓰는 눈의 피로를 물리적으로 나타내는 것이기도 하다.

그 다음 바치노는 인쇄된 종이 책을 나에게 주며 동일한 실험을 다시 받도록 했다. 그 차이는 분명히 드러났다. 방금 전까지만 해도 전기에 감전된 것처럼 보였던 모니터 속 내 모습은 갑자기 떨림을 멈추었다. 책이라는 물리적 텍스트의 평평한 선형성 앞에서 내 몸은 더 이상 동요하지 않고 진정되었다. 바치노는 다음과 같이 설명했다. "이 실험은 인지적 '참여engagement'를 연구하는 우리에게 매우 중요한 의미를 갖고 있습니다. 이것은 지식의 행위에 대한 신체의 참여를 보여줍니다. 오래 전부터 우리는 뇌뿐만 아니라 몸 전체가 지식의 행위에 참여한다는 것을 알고 있었습니다. 무언가에 집중할 때, 우리의 몸은 사냥개가 먹잇감을 발견했을 때처럼 멈추게 됩니다. 프랑스어로는 '경계 상태à l'alert'라고 합니다. 꼼짝하지 않고 집중하는 거죠."

이러한 비유는 글을 읽고 이해하고 동화하는 행위가, 우리가 무엇으로 독서를 하든 상관없이 독서는 다 같은 독서라는 믿음이 얼마나 순진한 생각인지 보여주기에 충분하다. 물리적 매체로 독서하는 것의 중요성을 내가 이해할 수 있도록 바치노가 준비한 또 다른 실험이 있었다. 그는 나에게 특수 적외선 안경을 쓰고 어떤 신문 사이트의 기사들을 보라고 한 후, 내 눈의 움직임을 기록했다. 실험이 끝나고 그는 내 시선의 자취를 보여주었다. 내 시선은 핀볼 게임에서의 볼의 움직임과 비슷하게 페이지의 한 쪽에서 다른 쪽으로 끊임없이 튕겨졌다. 처음에는 지그재그로 진행하더니, 갑자기 이동하여 오른쪽의 한 부분에서 잠깐 멈추고는 다시 왼쪽으로, 기사의 전체 블록을 건너뛰어 다른 기사로 넘어가고, 방금 열린 링크를 따라갔다가 다시 원래 자리로 돌아오기도 했다. 나는 꼭 강박적으로 먹을 것을 찾고 있지만 방에 갇힌 여우처럼 보였다. 영화 〈여우와 소녀〉의 한 장면이 떠올랐다. 주인공 소녀가 친구가 된 여우를 자기 방으로 데려 가자 여우는 여기저기 벽과 가구에 몸을 부딪치며 출구를 찾기 시작했고 결국 창문을 깨고 밖으로 몸을 던져 탈출하고 만다. 나는 태블릿 위를 미친 듯이 움직이는 작은 공을 응시하다가, 내가 그동안 인터넷에서 검색해서 찾은 무언가를 오랫동안 기억할 수 있을 거라는 나의 생각은 순전히 착각이었음을 깨달았다.

바치노는 대부분의 사람들이 웹 페이지에 머무는 시간은 평균적으로 각 페이지당 10초 정도 되며, 심지어 더 짧을 수도 있다고 내게 설명했다. 그제야 나는 인터넷에서 읽은 무언가를 논하려고 할 때면 여기저기에 흩어져 있는 단편적인 몇 구절만 기억나는 이유를, 또는 개념은 완벽하게 기억하지만 맥락을 눈에 그릴 수 없는 이유를 알 것 같았다. 모자이크의 테두리는 있지만 나머지가 없는 것이다. 그러니 무슨 그림인지 모를 수밖에. 더더욱 심각한 것은 빠져 있는 조각을 찾기 위해 어디로 가야 할지 전혀 모른다는 점이다. 내가 최근에 스스로에게 제일 많이 하는 질문은 '그걸 도대체 어디서 읽었더라?'였다. 누가 그 말을 했는지, 왜 그것을 읽게 되었는지도 당연히 기억나지 않았다. 중요하다고 생각되는 것들을 포스트잇에 써서 방문에 붙여놓았지만 추억처럼 아련할 뿐이다. "인터넷에서는 숲을 보지 못하죠. 나무도 마찬가지입니다. 우리는 나뭇가지도 보지 못합니다. 단지 잎사귀, 잎맥, 잎자루만을 볼 뿐입니다. 전체 그림은 모르면서 세부적인 것들만 보는 것이죠." 우리는 아는 것과 안다는 느낌을 맞바꾸었다. 그러나 유감스럽게도 여기서 더 나아간다.

바치니는 말을 이었다. "우리는 온라인에서 문서를 읽을 때 일반적으로 선호하는 어떤 경로를 따라 읽습니다. 상단의 처음 몇 줄을 왼쪽에서 오른쪽으로 읽은 다음, 가운데 부분으로 넘어가고, 마지막으로 맨 끝 문장 몇 줄을 읽는 것이죠. 프랑스어로 이런 식의 읽기를 '비질하기bilayer'라고 합니다. 우리는 빗자루로 문장을 쓸어 담는 것처럼 읽습니다." 그야말로 웃픈 이야기였다. 불현듯 기억 하나가 화살처럼 뇌리를 스쳤다. 고등학교 때 그리스어와 라틴어를 가르쳐주셨던 선생님에 대한 기억이었다. 그 선생님은 공부를 엄청나게 많이 시켜서 3년 동안은 다른 사회생활을 할 생각을 아예 접어야 할 정도였다. 깡마른 체형에 항상 검은색 옷을 입고 있었던 그녀는 엄격한 우아함을 갖고 있었다. 그녀는 어릴 적부터 영재였으며 아주 젊은 나이에 교사 생활을 시작했다고 했다. 그녀는 매일 우리에게 질문을 했는데 무작위로 책을 펼쳐서는 그 페이지에 나오는 숫자들을 더해서 출석부의 번호를 불렀다(우리의 목숨은 운명의 여신 티케Tyche의 결정에 달려 있는 것만 같았다). 우리는 그녀가 두려워 벌벌 떨었지만 한편으로는 그녀에게 매혹되었다. 그녀의 수업은 수업이 아니라 일종의 퍼포먼스 같았고, 다양한 주제들이 고대 언어들과 역사·예술·문학·음악, 과거의 작가들과 현재의 작가들, 상류층과 하류층, 팝송과 알렉산드리아 시풍의 오페라, 신비로운 밀교적 텍스트와 시칠리아 방언까지 종횡무진 넘나들며 서로 연결되는 하나의 이야기로 엮어졌다.

나는 30여 년 전, 수업 중에 적은 메모로 가득한 노트를 아직도 가지고 있다. 그녀가 나를 사로잡은 매력은 세계를 바라보는 관점이었다. 그녀는 세계의 모든 것이 다른 것들과 연결되어 있는 관계 네트워크라고 생각했다. 그녀가 집착했던 것들 중에서(그녀는 많은 것에 집착했다) 단연 첫 번째 자리를 차지하는 것은 어원이었다. 그녀의 질문에 대비할 때 받는 스트레스는(그녀는 그것을 잔인하지만 적절하게도 '활력의 징후'라고 정의했다) 그리스어의 부정과거 시제를 어떻게 이탈리아어의 시제로 옮길지 또는 고대 그리스의 극

작가 아이스킬로스를 어떻게 논할지 같은 문제 때문이 아니었다. 그녀를 만족시키기 위해서는 라틴어에서 그리스어로, 그 다음에는 산스크리트어, 인도유럽어의 뿌리를 거슬러 올라가며 머나먼 유라시아나 인도의 땅에서 세상을 '말'하고자 하는 열망이 일어났던 그 호흡들로 용해될 때까지 단어의 진화 사슬을 추적할 줄 알아야 했기 때문이었다. 그때부터 지금까지 나는 단어가 나를 어디로 이끄는지 알아보기 위해 단어를 조사하는 습관을 결코 잃지 않았다. 예를 들어, 이탈리아어 동사 'leggere(읽다)'는 '모으다'란 뜻의 라틴어 'legere'에서 나왔는데, 이것은 '변증법', '논리학', '종교', '선택하다', '모음집'과 마찬가지로 '로고스'를 같은 어근으로 가지고 있다. 단어의 진화를 따라가면 이상하고 신기한 일들을 발견할 수 있다.

나는 내가 머릿속 시간여행에 완전히 빠져 있었음을 깨닫고 정신을 차렸다. 딴 생각을 얼마나 오래 한 것일까? 나는 다시 바치노의 설명에 집중하려고 노력했다. 오늘날 우리가 사용하는 사전에는, 기기에서 읽는 방식을 나타내는 단어들 중 '읽다'라는 단어의 어원을 가진 용어를 찾아볼 수 없다. 피상적으로 훑어보는 '스키밍skimming', 중간 중간 텍스트의 구절을 건너뛰는 '스키핑skipping', 항해한다는 뜻의 '브라우징browsing', 소셜 게시판이나 일반적으로 온라인에서 보는 모든 것을 빠르게 물 흐르듯 보는 움직임을 나타내는 '스크롤링scrolling' 등의 단어들 말이다. 바치노는 현대의 '스크롤링'이 고대 이집트의 파피루스 두루마리(실제로, '스크롤'이라는 단어는 두루마리라는 뜻이기도 하다)에서 따온 단어라고 말했다. 우리는 그 옛날 필경사가 파피루스를 펼칠 때 그랬던 것처럼 웹의 텍스트를 펼친다(나는 사실 두루마리 화장지를 펼칠 때를 연상했다). 바치노는 설명을 이어갔다.

"스크롤링 방식은 긴 텍스트를 한 화면 공간에 압축할 수 있는 장점이 있는 반면에 우리로 하여금 가능한 한 빨리 텍스트를 읽도록 유도하여 점점 더 많은 페이지를 보게 합니다." 이것은 스크롤링이 텍스트에 있는 단어들의 공간 좌표를 지속적으로 이동시켜 시각적 기억에 위협을 가한다는 것을 의미한다. "우리는 텍스트에서 가장 중요한 단어들이 있는 위치를 자동적으로 기억해서 필요한 경우 다시 돌아갈 수 있는데, 이 단어들의 위치가 계속해서 바뀌면 그럴 수가 없습니다. 그래서 우리는 스크롤을 사용하지 말고 킨들Kindle처럼 페이지에서 페이지로 넘어가며 읽도록 전환하는 것을 제안합니다. 그러나 문제는 이것이 스마트폰과 PC에서는 불가능하다는 점이고, 프로그래머들은 이에 대해 전혀 생각하지 않는다는 점입니다. 정확히 말하자면, 하단에 작은 버튼을 두어서 이러한 작업을 가능하게 할 수도 있을 테고 기기에서 책장을 넘기듯이 페이지가 넘어가게 만들 수도 있을 테지만, 그들은 그렇게 하지 않습니다. 인터넷 비즈니스는 가능한 한 오랫동안 우리를 기기에 붙어 있게 만드는 데 기반을 두고 있기 때문입니다."

인터넷은 우리가 한 페이지에 머무는 것이 아니라 텍스트가 흘러가도록 고안된 것이다. 내 게시물들을 볼 때 내가 하는 행동을 떠올려보면 슬롯머신의 레버를 당기는 것과 굉장히 비슷하다는 생각이 든다. 독자였던 우리는 이제 게시판을 스크롤하는 엄지손가락이 되고 말았다.

바치노는 내가 연구소를 떠나기 전에 마지막 실험을 보여주고 싶어 했다. 이번에는 다시 실제 종이책으로 된 소설을 읽는 것이었다. 나는 시선 추적 시스템을 탑재한 적외선 고글을 다시 착용했고, 작업이 끝난 후 바치노는 내게 모니터를 보여줬다. 온라인 페이지에서는 화면의 한쪽에서 다른 쪽으로 튕기듯 움직이던 그래픽 점이 종이 위에서는 좀 더 선형적인 경로를 보인다. 이따금 무언가를 메모해야 하는 것처럼 방금 읽은 단어로 돌아갔지만 이전처럼 조각조각 건너뛰지는 않고 정확히 글의 줄을 순서대로 따라갔다. 내 시선은 더 이상 어린 소녀의 방에 있는 미쳐 날뛰는 여우처럼 보이지 않았다. 바치노는 말했다.

"종이 위에는 뇌를 갉아먹는 기생충 같은 건 없어요. 인터넷에서처럼 글을 읽는 와중에 날아오는 메시지도, 광고도, 링크도 없습니다. 책을 읽을 때는 책장을 넘기기만 하면 되기 때문에 훨씬 더 깊이 집중할 수 있습니다. 화면에서는 모든 것이 움직이고 모든 것이 역동적이며 모든 것이 우리를 방해합니다. 온라인에서 우리는 꿀벌과 같습니다. 아주 빠르게 꽃가루를 여기서 조금, 저기서 조금 얻어가죠. 그다지 좋은 일은 아닙니다. 불행하게도 뇌의 인지 과정에는 시간이 필요합니다. 우리가 뇌에 시간을 주지 않으면 뇌는 아무것도 이해할 수 없습니다." 그의 말은 굉장히 설득력 있었고 상대방에게 확신을 주었다. 그럼에도 내 안에서는 새로운 의심이 싹트고 있었다. 인터넷은 우리에게 놀라운 자극을 수없이 제공해주지 않는가! 한 사이트에서 링크를 타고 또 다른 페이지로 넘어가면, 새로운 세계가 열린다. 이것은 우리를 풍요롭게 해준다. 나는 인터넷의 도움이 없었다면 파리에 있는 이 연구소에 절대로 오지 못했을 것이다. 나는 바치노에게 이러한 부분을 지적했다.

"그렇습니다. 당신은 나를 찾아냈습니다. 하지만 그것은 당신이 무엇을 찾고 있는지 잘 알고 있었기 때문입니다. 인터넷상의 하이퍼텍스트는 자신이 무엇을 찾고 있는지 이미 알고 있는 사람들에게만 이점을 제공합니다. 그렇지 않으면, 아무리 링크를 클릭해서 또 다른 링크로 넘어가더라도 아무것도 연결하지 못하고 어떠한 관념의 연합도 만들어내지 못할 것입니다. 그저 네트워크의 커다란 혼돈 속에서 여기저기를 뛰어다닐 뿐이죠. 그리고 우리는 불현듯, 사람들이 자신이 읽은 것을 더 이상 이해하고 암기할 수 없다는 것을 깨닫게 될 것입니다. 읽기의 목표는 이해하는 것입니다. 그렇지 않으면 아무짝에도 쓸모없어요."

돌아오는 비행기에서 나는 루탱 연구소에서 본 것에 대해 생각하지 않을 수 없었다. 이제 나는 하루 종일 스마트폰을 만지작거린 덕분에 내가 어떻게 되었는지 마침내 확실히 알게 되었다. 나는 핀볼 공이 되어버렸다. 이제부터 내가 이해해야 하는 것은 내가 잃어버린 것이 무엇이냐는 것이다. 책을 보면서 집중할 수 있는 능력을 잃어버린 것은 분명하다. 그래도 과거에는 꽤 괜찮은 독자였는데 말이다. 물론 아직 모든 노력을 그만둔 것은 아니다. 나는 일부러 스마트폰을 다른 방에 두고 소파에 앉아 책을 읽는 노력을 했다. 그러나 결국에는 5분마다 일어나서 스마트폰을 확인하러 가게 된다. 방금 책에서 발견한 내용과 관련된 정보를 확인하기 위해서일 수도 있고, 책에서 영감을 받아 누군가에게 메시지를 보내기 위해서일 수도 있다. 내 모든 행동에는 이유가 있었다. 그러나 나는 그것이 단지 스마트폰을 들여다보기 위해 내 행동을 정당화하는 알리바이에 지나지 않는다는 것을 깨달았다. 나의 뇌는 도파민을 필요로 하는데 고정된 상태로 가만히 있는 종이 책에서는 더 이상 그것을 찾을 수 없게 된 것이다.

독서를 중단한 것은 아니지만, 나는 더 이상 예전처럼 책속으로 깊이 몰두해 들어가지는 못했다. 스크롤하듯이 내려가며 줄거리를 어느 정도 따라가는 데 그치고, 내용을 깊이 이해하는 데 여러 가지 어려움을 겪고 있다. 맥락을 놓치고, 등장인물들이 헷갈리고, 두 페이지 전에 무슨 일이 일어났는지를 잊어버린다. 그리고 노력하면 할수록 더 산만해지고, 산만해질수록 나는 더욱 더 산만해지고 싶고, 주의를 딴 데로 돌려 그 페이지에서 벗어나고 싶어진다. 내 신경망은 더 이상 사물들 사이를 연결할 능력이 없다는 듯이 마치 시멘트 덩어리처럼 굳어버린 것 같았다. 나는 읽고는 있지만 정신은 딴 데 가 있고, 통찰력은커녕 더 이상 어떤 직관도 가질 수가 없는 상태가 되었다.

도대체 내 전전두엽 피질에 무슨 일이 생긴 것일까? 사고가 단순화되고 진부해진 것만 같았으며, 내 두뇌와 함께 단어들조차 속이 텅 비워져 더 이상 무게도 없는 것처럼 느껴졌다. 한 친구는 내게 구글, 스포티파이, 페이스북, 넷플릭스 시대에 책을 읽는다는 것은 더 이상 의미 없는 일이라고 했다. 스트리밍되고 있는 흥미로운 시리즈물들이 너무나 많고 네트워크에는 풍요로움이 흘러넘치는데 굳이 종이 책을 보겠다고 고집하는 것은 화약이 발명된 후에도 투석기를 고집하는 것과 같다는 것이었다.

만 미터 상공에 떠 있는 비행기 안에서 나는 책이나 잡지 같은 읽을거리를 챙겨오는 것을 잊었음을 알아차렸다. 스마트폰은 비행기 모드로 되어 있어서, 인터넷에 연결해서 무언가를 보거나 누군가에게 뭔가를 쓸 수도 없었다. 비행기 창밖으로 거대한 구름들을 쳐다보았다. 저 구름들 아래 인간의 삶이 살아 움직이고 있을 것이다. 아니다. 어쩌면 더 이상은 아닐 수도 있겠다.

오후 2시에 바쉘로 극장에서 인터뷰를 하기로 되어 있었는데, 약속 시간이 다 되어갈 무렵 인터뷰 상대가 두어 시간 미팅을 미뤘다. 늘 있는 일이다. 로마의 시간은 종종 정확하지 않으며, 시간 단위는 아침이나 오후 또는 저녁과 같이 큼지막한 스펙트럼으로 나뉜다. 다시 집으로 돌아갔다가 오느라 시간을 허비하기에는 날이 너무 좋았기 때문에, 근처에 있는 빌라 도리아 팜필리로 가서 노트북으로 미리 사전 작업을 하기로 했다. 쌍둥이들이 어렸을 때 와본 이후로 아주 오랜만의 방문이었다. 그때는 이곳에 오려고 도시를 가로지르곤 했다. 이런 곳을 산책할 핑계를 찾으려면 아이를 주기적으로 계속 낳아야 하는 것은 아닌가 하는 생각이 들었다. 아이가 자라서 더 이상 공원에 데려가기 힘들게 되면, 곧바로 아기를 또 낳아서 데려가는 것이다.

빌라 도리아 팜필리는 184헥타르에 이르는 숲, 초원, 정원, 잔디밭으로 이루어져 있다. 도시 안에 있는 방대한 녹색 마트료시카 같은 곳으로 로마의 허파라고 할 수 있다. 이렇게 넓은 곳에서는 도대체 어떻게 방향을 잡아야 할지 모르겠어서 나는 늘 감을 따라갔다. 그러면 가끔은 내가 가고 싶은 곳으로 정확히 나를 데려다줄 때가 있었다. 지금도 가는 길을 어떻게 설명해야 할지 모르겠는 카지노 델 벨 레스피로Casino del bel respire 같은 곳으로 말이다. 이곳은 귀족 가문의 사냥용 별장이었고 공원의 이름도 그 가문의 이름을 따서 붙여졌다. 그들의 시골 영지였던 이곳에는 한때 귀족들의 유흥을 위해 사슴들이 뛰어다녔지만, 지금은 토종 새들을 쫓아버린 이국적인 앵무새들이 살고 있다. 애석하게도 이 대저택은 아주 특별한 경우가 아니면 대중에게 개방되지 않는다. 그 옛날 이탈리아 정부 대표단이 머물렀던 곳으로, 나는 그 무엇도 대표하는 사람이 아닌지라 이곳의 문턱을 넘기에는 자격이 부족한 것도 같다.

주위에는 사람들이 많지 않았다. 아직 학교가 끝날 시간이 아니어서 그런 듯했다. 어린아이들 몇몇이 건물 앞 울타리 가까이에서 위험하게 발차기를 하고 있었고, 어떤 아이는 벤치에서 크레파스로 그림을 그리고 있었다. 그렇다. 이곳에는 태블릿이 없었다. 나는 전날밤에 읽었던 기사를 떠올렸다. 2018년, 미국 정부는 국립보건원을 통해 신기술이 어린이의 두뇌에 미치는 영향을 이해하기 위한 연구에 3억 달러의 자금을 지원했다. 10년간 이루어진 이 연구에는 9세에서 10세 사이의 어린이가 약 1만 2천 명 참여했다. 아직 단정 짓기에는 너무 이르지만, 처음으로 분석된 4만 5천 개 샘플의 기능적 MRI 스캔은 스마트폰이나 태블릿 및 비디오 게임을 하루에 7시간 이상 사용하는 아이들의 두뇌에서 상당히 의미 있는 결과를 보여주었다. 판독 장치가 찍은 이미지를 통해 오감을 통해 들어오는 정보를 처리하는 뇌의 바깥층인 대뇌 피질이 조기에 얇아진 것을 알 수 있었다. 언젠가 TV에서 이 연구에 대해 방송한 것을 본 적이 있다. 성장기에 피질이 얇아진다는 것이 무엇을 의미하는지에 대한 기자의 질문에 연구진은 신경학적인 세밀한 분석을 곁들여 대답했는데 한마디로 요약하자면 "우리는 그것에 대해 전혀 알지 못합니다"였다. 이것은 완전히 새로운, 전대미문의 사태이므로 지속적으로 주의 깊게 관찰해야 그 결과를 알 수 있는 것이다.

나는 빌라 공원에 있는 조각상들 중 하나에 다가갔다. 조각상들은 수년에 걸쳐 파손되고 도난당하고 부서져서 처음 모습이 무엇이었는지조차 알아보기 힘들 정도였다. 펠로폰네소스 전쟁이 한창이었을 때 젊은 알키비아데스가 귀족 친구들과 함께 술에 취해 신에게 경의를 표하기 위해 만들어진 조각상들을 훼손하는 신성모독 사건이 생각났다. 이 천인공노할 행위 때문에 알키비아데스는 재판에 회부되었고, 그는 탈출하여 적군 스파르타에 보호를 요청했다. 아름다움을 훼손하는 사람들에게 이와 비슷한 엄중한 조치를 취할 것을 제안하고 싶다. 나는 조각상의 잔해 중 하나의 발치에 앉아 스마트폰을 열어 아이들과 스마트폰의 관계에 대해 조사하기 시작했다. 미국 연구원들이 보유하고 있는 인터뷰 및 상호 참조 데이터는 단순한 경고 이상의 구체적인 내용을 담고 있었다. 예를 들어, 하루에 2시간 이상 화면을 보는 어린이는 추론 및 언어 테스트에서 더 낮은 점수를 받았다. 미국 소아과 학회가 내놓은 최근의 가이드라인은 두뇌 발달에 가장 민감한 시기인 18~24개월 미만에 있는 어린이가 디지털 기술을 이용하지 못하게 할 것을 권장하고 있다.

〈60분〉의 진행자 앤더슨 쿠퍼는(외과 수술 같은 정교하고 날카로운 질문을 하는 그가 나는 항상 부러웠다) 시애틀 아동 병원의 디미트리 크리스타키스Dimitri Christakis 박사를 인터뷰했다. 크리스타키스는 아이패드를 가지고 노는 어린이들이 디지털 생활에서 배운 것을 현실 생활에 적용하지 못한다는 사실을 발견했다고 말했다. 예를 들어, 아이에게 가상 레고로 집을 짓는 앱을 사용하게 한 후 실제 플라스틱 레고 블록을 아이 앞에 갖다 놓으면 아이는 마치 한 번도 해본 적이 없는 것처럼 생소해하며, 맨 처음부터 다시 레고 블록과 관계를 맺기 시작한다는 것이다. 마치 디지털 세계와 현실 세계가 평행선을 달리는 것처럼 말이다.

나는 실리콘 밸리에서 디지털 기술 개발에 종사하는 사람들 중 다수가, 자신의 자녀에게 기기 사용을 허락하지 않는다는 것을 떠올렸다. 그들은 전 세계의 남의 집 자식들의 손에 자신들이 만들어 놓은 것을 쥐게 해놓고 막상 제 자식 손에는 절대 쥐어주지 않겠다는 것이다(유튜브 키즈는 구글의 어린이 사용자들을 위한 플랫폼으로, 2017년 기준으로 37개국에서 700억 회 이상의 조회수를 기록했고 1,100만 명 이상의 적극적 구독자를 보유하고 있는 것으로 나타났다). 조카들이 소셜 미디어를 사용하지 못하게 하는 애플의 CEO 팀 쿡과 자녀에게 청소년기까지 스마트폰 사용을 금지한 빌 게이츠가 대표적이다. 페이스북에서 보좌관으로 일했고 현재는 마크 저커버그의 자선 단체에 소속되어 있는 아테나 샤바리아Athena Chavarria는《뉴욕 타임즈》와의 인터뷰에서 그야말로 돌직구를 날렸다. "나는 스마트폰에 악마가 살고 있고, 그 악마가 아이들을 황폐하게 만들고 있다고 확신합니다." 새로운 디지털 기술을 소개하는《와이어드 USA》에서 10년간 편집장으로 있었던 크리스 앤더슨Chris Anderson은 다섯 명의 자녀에게 디지털 기기의 사용을 엄격히 금지했다고 한다. 그 이유를 묻는《뉴욕 타임즈》의 질문에 그는 이렇게 해맑게 대답했다. "저는 증상과 결과를 알아차리기 시작하기 전까지는 그 기기들이 아이들의 뇌에 무슨 짓을 하고 있는지 몰랐습니다."

나는 빌라의 놀이터까지 걸어갔다. 아이들은 남은 음식에 달라붙은 개미들처럼 나무 미끄럼틀과 그네를 차지하고 있다. 나는 벤

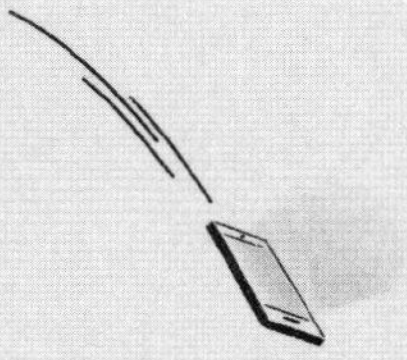

크리스타키스는 아이패드를 가지고 노는
어린이들이 디지털 생활에서 배운 것을 현실 생활에
적용하지 못한다는 사실을 발견했다고 말했다.
예를 들어, 아이에게 가상 레고로 집을 짓는 앱을
사용하게 한 후 실제 플라스틱 레고 블록을 아이 앞에 갖다 놓으면
아이는 마치 한 번도 해본 적이 없는 것처럼 생소해하며,
맨 처음부터 다시 레고 블록과 관계를 맺기 시작한다는 것이다.

치에 앉아 두 시간 뒤 인터뷰에서 물어볼 질문의 목록을 정리하기 시작했다. 파리 한 마리가 주위를 계속 윙윙거리며 돌고 있었고, 아이들이 재잘거리며 떠들어대는 소리에 집중력이 자꾸 흐트러졌다. 도저히 일할 기분이 들지 않았던 나는 노트북을 덮고 하늘을 향해 고개를 들고 두 눈을 감고는 평화를 즐겼다. 바치노와의 만남 이후에 나는 2019년 10월 노르웨이 남서부의 도시 스타방에르에서 독서, 출판 및 문해력 분야의 연구자들 약 200명이(루텡 연구소의 바치노도 포함하여) 모여 디지털이 독서에 미치는 영향에 대해 4년간 수행한 연구의 최종 결론을 도출했다는 것을 알게 되었다. 그 연구 프로젝트의 이름은 '디지털화 시대의 독서의 진화Evolution of reading in the age of digitization'를 줄인 'E-Read'로, 17만 명이 참여한 거대한 프로젝트였다.

이 연구는 화면에서 읽을 때보다 종이로 읽을 때 길고 복잡한 텍스트를 훨씬 더 잘 이해할 수 있다는 것을 보여주었다. 뿐만 아니라 연구자들은 긴 물리적 텍스트를 읽는 것이 "집중력, 어휘 구축 및 기억력과 같은 일련의 인지적 결과를 위한 귀중한 도구"이며, 일반적으로 생각하는 것과는 반대로, 이 모든 것이 이른바 '디지털 네이티브들'에게도 적용된다는 것을 발견했다. 엄마 뱃속에서부터 이미 태블릿을 가지고 태어난 사람들은 아날로그 시대에 태어난 우리보다 더 많은 기술을 사용할 수 있지만 여전히 우리의 두뇌 메커니즘과 정확히 동일한 두뇌를 갖고 태어난다는 이야기다. 그 연구에서 도출해낸 많은 결론 중에는 내가 항상 가지고 있던 어떤 느낌을 확인해준 것도 있었다. 디지털 독자는 자신의 이해 능력을 과대평가하는 경향이 있으며, 이로 인해 물리적 텍스트로 읽는 것보다 화면으로 읽을 때 "더 피상적이고 덜 집중된 방식으로 읽게 된다"는 것이다. 이는 속도와 비트로 축소된 세상이 가져온 그리고 그것에 익숙해진 우리의 몸과 그 힘에 귀를 기울이지 못하는 우리의 무능력이 가져온 환상이다. 정신과 몸의 싸움에서 몸은 의심할 여지없이 패배했다.

바치노가 했던 말이 떠올랐다. "체화된 인지, 다시 말해 우리의 몸 전체는 우리가 무엇을 어떻게 학습하는지, 무엇을 알고 무엇을 할 수 있는지에 영향을 미칩니다. 이것이 정보들을 이해하고 저장하는 측면에서 종이 읽기와 디지털 읽기의 차이를 만들어내는 것입니다. 이것에 대해서는 독자, 교육자, 심지어 연구자들도 과소평가하고 있는 것 같습니다." '체화된 인지'라니! 이 얼마나 멋진 표현인가? 만약 우리가 '체화된 인지'를 상실한다면 어떤 충격적 결과가 발생할까?

어디로 가는지도 모르는 채 다시 걷기 시작했다. 인터뷰 시간은 다가오고 있었지만 나는 마침내 가장 좋아하는 일을 할 수 있었다. 아무것도 하지 않는 것, 더 정확히는 무언가를 발견하기 위한 그 무엇도 하지 않는 것이다. 생각을 내려놓는 것, 머리를 비우는 것, 딱히 무언가에 집중하지 않는 것이 뇌의 새로운 연결을 만드는 데 중요하다는 것을 알게 된 후로 나는 게으를 수 있는 권한을 얻은 것처럼 느껴졌다. 로마 사람들의 지각하는 습관은 어찌 보면 놀라운 자원으로, 갑작스레 빈 시간을 만들어주어 생각을 내려놓을 기회를 주려는 것인지도 모르겠다. 6천 년 전에 시작된 읽기 행위에 대한 과학적 이야기를 풀어놓은 책을 읽은 적이 있다. 《다시 책으로Reader, come home》라는 제목으로 정신의 발달과 독서와의 관계에 대해, 무엇보다도 스마트폰과 태블릿에 두 눈을 고정시키고 시간을 보내면 결국 무엇을 잃게 될 것인지에 대해 기술하고 있었다. 저자는 캘리포니아대학교 교수로 재직 중인 인지신경과학자 매리언 울프Maryanne Wolf다. 그녀는 인간이 책을 읽기 위해 태어나지 않았다고 주장하면서 책을 시작했다. 우리는 보고, 움직이고, 말하고, 생각하기 위해 태어났으며, 이러한 기능 각각에 대해 작동하는 유전자 프로그램은 독서와는 상관이 없는 것이었다. 울프는 다음과 같이 주장했다.

"문해력은 호모 사피엔스의 가장 중요한 후천적 성취 가운데 하나다. 이는 우리가 아는 한, 다른 그 어떤 종도 해내지 못한 것이다. 읽기를 배우는 행위는 인류의 두뇌 작동 목록에 완전히 새로운 회로를 추가했다. 잘 읽는 법을, 특히 깊이 읽는 법을 배우는 긴 진화 과정은 회로의 연결 구조 자체를 변화시켰고 이는 뇌 전체를 재편했으며 그 결과 인간의 사고의 본성 또한 새로이 주조되었다." 울프는 책 전반에 걸쳐 읽는 방식과 생각하는 방식 사이의, 주의력의 질과 생각의 질 사이의 생리학적 상관관계를 주장하며 비판적 사고와 상상력, 공감 및 개인적 성찰의 형성을 위한 깊이 읽기의 심오한 특성을 강조하고 있다. "깊이 읽는 것은 두뇌를 형성할 뿐만 아니라 사상가도 만들어낸다."

바로 그 무렵에 인터넷을 떠돌다가 캘리포니아대학교의 정보 사이트인 〈스탠퍼드 뉴스〉에서 오래된 기사 하나를 보았기 때문에 매리언 울프의 말은 내게 확 와 닿았다. "이것은 제인 오스틴의 소설을 읽을 때의 당신의 두뇌입니다"라는 제목 아래에는 두 장의 사진이 있었다. 연구원이 MRI 검사대에 누워 있는 지원자에게 시선 추적 장치를 부착하고 있는 사진과, 동일한 지원자가 검사대 앞에 앉아 제인 오스틴의 소설을 읽고 있는 사진이었다. 스탠퍼드대학교의 인지 및 신경생물학 영상 센터Center for Cognitive and Neurobiological Imaging 연구원들은 세계 최초로 뇌 영상 기법brain imaging을 사용한 그룹 중 하나로, 우리가 소설에 깊이 빠져들 때 뇌의 신경망에서 일어나는 일을 분석했다. 작성된 뇌 지도는 놀라운 결과를 보여주었다. 예상했던 주의와 인지 그리고 과제 수행을 담당하는 영역뿐만 아니라 촉감과 움직임의 영역을 포함한 다른 영역들도 활성화되었다. 비틀거리는 여인이 나오는 장면에서는 독자도 비틀거리는 것 같고, 그녀의 손이 실크 스카프를 쓰다듬는 대목을 읽으면 그 천의 서늘한 촉감을 느낄 수 있는 것이다. 텍스트를 주의 깊게 읽을 때 우리의 두뇌 스캔본은 마치 국제 우주 정거장에서 바라본 불빛이 점멸하는 밤의 도시 같았다.

울프를 만나 이 불가사의한 경이로움에 대해 이야기하고 싶었지만 미국 여행을 계획할 시간이 없었기 때문에 우리는 스카이프로 이야기를 나눌 수밖에 없었다. 나는 위키피디아를 통해 그녀가 1950년생이라는 것을 알고 있었기 때문에, 백발을 깔끔하게 뒤로 모아 틀어올리고 목이 높은 빅토리아풍 블라우스(내 상상력은 늘 좀 진부하다)를 입은 70세 과학자의 모습을 상상했다. 그래서 화면 너머로 그녀가 나타났을 때 나는 눈을 크게 뜨고 그녀가 맞는지 자세히 봐야 했다. 그녀는 어깨까지 오는 긴 단발에 눈썹 위로 자른 풍성한 앞머리를 갖고 있었으며, 동그란 안경을 쓰고 어린아이 같은 환한 미소를 짓고 있었다. 무엇보다 나를 놀라게 한 것은 불안한 듯 미세한 떨림이 스쳐지나가는 듯한 그녀의 목소리였다. 우리가 어떤 위험에 처해 있는지, 무엇을 잃어버리고 있는지 알고 있는 사람의 목소리 같았다.

우리의 대화 전체에서 핵심 단어는 '정교한'이라는 형용사였다. 그 말 그대로 정교하게 읽는다는 것은 책을 덮은 뒤에도 계속 작동하는 '정교한' 신경회로를 강화한다. 신경 네트워크를 연결하는 방법을 더 많이 배울수록 삶의 다른 부분에도 적용하기가 더 쉬워진다. 안타깝게도 이러한 신경망은 가만히 있으면 스스로 발달하지 않으며, 훈련 없이는 강화되지 않는다. 우리가 유추 및 추론 능력을, 즉 생각하고 판단하는 연역 및 귀납 과정을 구조적으로 강화하기 위해 노력하지 않으면 해당 뉴런 다발들은 절대 활성화되지 않는 것이다. 이것은 샌프란시스코의 메르제니히가 말했던 뇌 가소성의 기본 원리다. 회로를 사용하지 않거나 부분적으로 사용하면, 새로운 필요성이 생겨나고 재활용된다. 더 이상 쓰임새가 없다면 과감히 버리기도 한다. 두뇌는 자원을 최대한 효과적으로 활용하는 일종의 정리수납 전문가라고 할 수 있다(메르제니히는 이러한 표현은 쓰지 않았지만 결국 같은 의미다).

울프가 설명했다. "독서는 정신의 학교입니다. 읽기 회로를 개발하면 점점 회로가 성장합니다. 깊이 읽을수록 생리학적으로 더 정교해집니다. 깊이 있는 독서는 수신하는 정보를 기록하는 데 그치지 않고, 읽고 있는 것과 생각하고 있는 것을 연결하기 위한 네트워크를 지속적으로 구축하기 때문이죠. 두뇌는 이러한 네트워크에 의해 말 그대로 장악되며, 신경학적 관점에서 이 모든 네트워크들이 모여 분석 능력을 구축합니다." 즉, 깊이 있는 방식으로 더 많이 읽을수록 '정교한' 과정을 더 많이 강화하고, 읽은 내용이 기억 속에 더 많이 굳게 자리 잡을수록 더 깊이 생각하게 된다. 매리언 울프가 이야기하고 있었던 것은 바로, '골똘히 생각하기think hard'였다.

나는 내 생각이 신경 조직, 다양한 활동들의 일시적인 집합, 신경 회로의 흥분, 전기화학적 자극, 수십억 개의 축삭돌기, 수상돌기, 수초, 시냅스 연결 등과 관련된 생물학적 과정의 결과라고 생각해본 적이 한 번도 없었다. 솔직히 말하자면, 나는 성찰의 질적 수준뿐만 아니라 꿈과 이상, 공감 능력, 상대방의 생각과 감정과 상처를 이해하기 위해 그의 영혼 속으로 몰입해 들어가는 인간성이라는 능력이 신경 네트워크의 훈련에 달려 있다고는 생각조차 해본 적이 없었던 것이다.

"우리는 소설을 깊이 있게 읽을 때, 우리와 아주 동떨어져 있는 등장인물들의 입장이 되기 위해 모든 인지 능력을 사용합니다. 그리고 다른 사람의 관점으로 생각해보는 것은 공감의 기초이며 이것은 상대방에 대한 깊은 이해의 한 형태입니다." 우리가 흔히 '관점의 변화'라고 부르는 것이 신경과학자들에게는 "독서를 하는 뇌의 회로에 광범위한 흔적을 남기는 인지적·사회적·정서적 과정의 복잡한 조합"인 것이다. 과학자들이 시인이나 작가의 직관적인 표현에 대해 생물학적인 설명을 내놓을 때마다 나는 늘 놀라움을 금치 못했다. 프루스트는 독서라는 행위가 타인을 알고 우리의 경계를 넘어서려는 노력에 대한 준비라고 말했다. 독서는 더욱 풍부하고 다양해진 모습으로 돌아오게 되는 여행이다. 모든 사람이 같은 생각을 하지 않는다는 것과 삶의 복잡성을 인식하는 것은 다름에 대한 두려움을 없애주는 가장 효과적인 해독제이자 편견에 맞서는 귀중한 훈련이기 때문이다.

우리가 소설을 읽는 동안 뇌에서 무슨 일이 일어나는지를 설명하기 위해 울프는 신경과학계에서 가장 혁신적인 발견인 거울 뉴런을 예로 들었다. 관찰과 행동 사이에 동시성을 허용하는 이 뉴런은 누군가가 춤을 추는 것을 보는 것만으로 춤의 순서를 배울 수 있게 해준다. 그리고 브론스키 때문에 괴로워하는 가여운 안나 카레니나의 고난을 읽을 때 느끼는 내 영혼의 떨림도 그 뉴런 덕분이다. 울프 교수는 계속 설명했다. "거울 뉴런은 깊이 있는 독서에서 큰 역할을 합니다. 독서를 담당하는 회로 자체는 모방에 의해 개선됩니다. 문제는 오늘날 우리의 독서가 깊이 집중된 상태로 이루어지기 힘들기 때문에 이러한 독서 네트워크가 점차 위축되는 일이 발생한다는 점입니다. 회로가 아예 사라지는 것은 아니지만 더 이상 같은 방식으로 사용되지 않는 것입니다."

우리가 온라인에서 열광적으로 읽으면 읽을수록 뇌 회로는 그 특성을 더 많이 반영한다. 그러나 그러한 방식으로 강화한 신경망은 매일 엄청난 양의 기가바이트를 신속하게 처리하는 데 익숙해져서 정작 몰입해서 텍스트를 주의 깊게 탐구해야 할 때에는 별 소용이 없게 된다. "물론 우리가 목표를 제대로 세우고 집중한다면 인터넷에서도 깊이 읽을 수 있을 것입니다. 문제는 그럴 가능성이 점점 줄어들고 있다는 것이죠. 화면은 우리의 관심을 이리저리로 끊임없이 옮겨놓습니다. 정보가 신경 회로의 일부가 되게 할 만큼 충분히 주의를 집중하게 두지 않습니다. 그런 식의 독서를 통해 지식을 구축하고 있다는 것은 큰 문제입니다. 현재 우리는 덜 비판적이 되고 있습니다. 비판적 사고를 담당하는 뉴런 그룹이 약해지고 있기 때문이죠. 이것이 우리로 하여금 평가할 수 없게 만들고, 덜 성찰하게 만든다는 사실을 우리는 깨닫지 못합니다. 피상적인 수준인 레벨 1 상태로 사는 것과 같습니다. 그것은 우리가 온라인 스키머skimmer이기 때문이에요. 우리는 대충 생각하는 스키머가 되어버렸습니다!"

우리의 대화는 신경자극에서 시작되어 끝없이 깊은 심연을 향해 점차 미끄러져 들어가고 있었다. 울프는 미국의 어린이와 청소년이 겪고 있는 이해에 대한 어려움(중학교 마지막 학년의 3분의 1만이 깊이 읽기를 요구하는 텍스트를 이해할 수 있다고 한다)과 "더 높은 수준에서 정보를 분석할 줄 아는 생각하는 시민이 필요한" 민주주의에 대해서도 이야기했지만, 무엇보다 디지털 시대의 취약성에 대한 우려를 표명했다. "이용가능한 정보가 많을수록 우리는 더욱더 빠르고 피상적인 방식으로 단순화하여, 우선순위를 따라가면서 처리할 수밖에 없게 됩니다. 이는 인터넷이 제공하는 모든 것을 읽어야 한다는 불안감과 쓸 수 있는 시간 사이의 타협의 한 형태입니다. 깊이 읽기를 담당하는 회로가 손실될수록 사람들은 인지적으로 조급해집니다. 그러면 사람들은 이미 알고 있는 것을 찾으러 갑니다. 그들은 빠르고 친숙한 정보를 원하게 됩니다. 그들에게 다른 관점이란 존재하지 않는 거죠." 이 마지막 문장을 이야기하면서 그녀는 계속해서 손가락으로 머리를 두드리고 머리카락을 쓸어 올렸다. "그들에게는 다른 관점은 존재하지 않는 거죠." 한 줄도 안 되는 짧은 이 한 문장으로, 우리에게는 탈출구도 기회도 전혀 없음을 알 수 있었다.

나는 공원에서 나오기 위해 왔던 길로 발걸음을 돌렸다. 걷다보니 어느새 유기농 재료로 만든 음식을 파는 비스트로 앞까지 왔다. 식당 정원에는 함께 그림책을 읽고 있는 엄마와 아들이 있었다. 그들 주위로 대여섯 명의 아이들이 옹기종기 모여 들더니 잔디밭에 앉았다. 엄마가 큰 소리로 책을 읽으며 그 아이들 앞으로 책을 들어

올려 그림을 잘 볼 수 있게 했다. 여름 동안 다른 들쥐들이 겨울을 준비하기 위해 견과류와 건초를 저장하는 동안, 할 말이 더 이상 남지 않을 때를 위해 단어를 모으는 들쥐 프레데릭의 이야기가 담긴 책이었다. 나도 그 이야기를 아주 잘 알고 있다. 쌍둥이들이 어렸을 때 나 역시도 많이 읽어주었기 때문이다. 아이들은 프레데릭을 놀리는 다른 들쥐들에게 화를 내기도 하고 즐거워하기도 하면서 모두 주의 깊게 이야기를 듣고 있었다. 이 광경은 독서를 촉진하기 위한 어떤 비영리 단체의 광고처럼 보이지만 모두 내가 그날 목격한 장면이다.

독서라는 마법에 걸려 행복해하는 아이들처럼 우리의 미래가 그리 희망적이지 않을 수 있다는 것을 나도 알고 있다. 그렇지만 여전히 나는 아무 생각도 없고 상상력도 없이 머리가 텅 비어버린 좀비 같은 자손들의 미래를 받아들일 수 없다. 암울한 미래 예측에 굴복하고 싶지 않은 것은 내 탓이 아니다. 좀 더 젊었을 때 나는 로버트 조던Robert Jordan의 책을 읽은 적이 있다. 이미 사력을 다했고 패배할 것이 확실했지만 주인공은 여전히 손에 무기를 들고 적에 맞서기로 결정한다. 우리는 결국 그에게 무슨 일이 일어났는지는 알 수 없다. 책은 그 전에 끝나기 때문이다. 하지만 그의 마지막 결정은 이미 자신을 압도해버린 힘에 굴복하고 싶지 않은 인간의 몸짓인 것이다.

큰 변화를 일으킬 수는 없겠지만 시도를 한다는 것이 조금은 도움이 될 것이라고 믿고 싶다.

7

중독에서 빠져나오는 법

지원해주셔서 감사합니다.

안타깝지만 귀하는 탈락입니다.

딱 이렇게 적혀 있었다. 메일 상단 중앙에 대문자로, 2행 시구처럼. 메일을 열고 아래로 스크롤하며 내가 선발되지 않았다는 사실을 알게 될 때까지의 스릴을 느낄 시간조차 허용하지 않고 말이다. 기대하며 메일을 보는 그 몇 초의 순간이 비효율적이고 어리석은 시간 낭비라도 된다는 듯 단호한 불합격 통보였다. 투명성을 명분으로 규칙에만 얽매인 지나친 명료함은 가끔 나를 불쾌하게 한다. 나는 몇 주 동안 결과가 나오기를 기다리고 있었기 때문에 생각했던 것보다 훨씬 더 기분이 안 좋았다. 살면서 뭔가에 당첨된 적도 없었고, 뭐든 뽑는 것에서 단 한 번도 선택된 적 없는 나였지만, 인터넷에 과잉 연결된 사람들과 과도한 스트레스를 받는 사람들을 대상으로 한 디지털 디톡스digital detox 대회에서는 왠지 모르게 합격할 것이라고 확신했었다. 단순히 주제넘게 추측해서가 아니라, 내 프로필은 그야말로 완벽했기 때문이다.

문제는 이 대회에 신청서를 낸 사람이 1만 9천 명(정확히는 1만 9,102명)이라는 데 있다. 10명 선발에 2만 명에 가까운 지원자가 몰렸으니, 며칠간의 휴식을 위한 선발이라기보다 우체국이나 무슨 공기업 정규직 평생 고용 입사시험이라도 되는 것 같았다. 이 대회는 작년에 태풍으로 막대한 피해를 입은 돌로미티 지역을 되살리기 위해 북동부의 일부 지자체에서 추진했던 인터넷 '단절 및 재생' 캠페인으로 '자연에서 재충전하기Recharge in Nature'라는 이름을 달고 있었다. 이 대회에 선발된 사람들은 마르몰라다Marmolada 산 아래의 산장에서 5일 동안 머물 수 있으며 교통비, 식비, 숙박비가 모두 지급된다. 단, 스마트폰과 기타 전자 기기는 집에 두고 와야 한다는 조건이 붙어 있었다.

개인적으로 어떤 초탈의 경지라든지, 나 자신을 받아들이거나 재발견하게 되는 대단한 경험을 열망한 것은 아니었으며, 아주 작은 결과라도 얻을 수 있으면 만족했을 터였다. 나는 연구 및 현장 조사의 목적으로 그 대회에 참가하고 싶은 것이라고 스스로에게 말했지만 사실은 일정 시간마다 담배에 불을 붙이는 흡연자처럼, 5분마다 자동적으로 아이폰을 보게 되는 내 모습에 지쳐서였다. 물론 요가나 숲에서 땔감을 모아 불 피우기, 티베트의 종鐘에 대한 강좌 등 머무는 동안 예정된 활동에 대해서는 다소 의구심이 들었지만, 눈 덮인 산들을 오르면서 맑은 공기를 폐 깊숙이 들이마시며 잠시나마 픽셀 없는 삶을 살고 있을 내 모습을 상상하니 그것만으로도 도전해볼 만한 충분한 이유가 될 것 같았다. 불안과 좌절의 자국만을 남길 디지털 기기를 떼어 놓고, 마침내 나와 자연과 고요함만이 오롯이 함께 할 기회처럼 보였던 것이다.

'자연에서 재충전하기' 대회의 홈페이지는 기가 막히게 멋진 파노라마 풍경 사진들과 함께 지친 우리의 마음을 울리는 문장들을 골라 올려놓았다. "스트레스가 당신의 소울 메이트입니까?" "당신은 광란의 일상 속을 터벅터벅 힘들게 걷고 있나요? 돌로미티의 심장이 당신을 찾고 있습니다!" 내가 떨어진 것을 보니 나를 찾고 있는 것은 아니었나 보다. 소식을 듣자마자 공중에서 토끼를 향해 수직으로 내리꽂듯 급강하하는 송골매의 속도로 신청서를 보냈는데도 탈락했다. 신청자가 작성해야 하는 답변들은 이런 것이었다. '스마트폰과 많은 시간을 보내십니까?' '채팅을 많이 하나요?' '기술과의 단절이 필요하다고 생각하십니까?' 답을 골라 체크를 하는 객관식 문제였다면 나는 어쩌면 최고점을 받았을지도 모르겠다. 신청 요강에 나와 있었던 영상 메시지는 선택사항이었는데 나는 지원서에 첨부하지 않았다. 평균적으로 하루 6시간 38분이나 되는 스마트폰 사용 시간(아이폰의 앱으로 인증한)과 내가 디지털 디톡스를 받아야 할 만큼 임상적인 케이스임을 설명하기 위해 질문지 끝에 추가한 메모로도 자격이 충분할 것이라고 생각했기 때문이었다. 솔직히 말해서 나는 대회 홍보 담당자에게 짧은 메일을 추가로 보내기도 했다. 공손하게 쓴 몇 줄에 나는 연구 목적으로 그곳에 머무를 며칠이 내게 얼마나 중요한지 설명하고, 나의 교육적 관심을 감안하여 혹시라도 심사위원들에게 말을 좀 잘해줄 수 있는지 요청했었다. 지금 생각해보면 부끄럽고 한심한 짓이었던 것 같다.

시간이 좀 흐른 후 나의 분노는 가라앉았다. 돌이켜보면 상상일 뿐이었다 해도 내가 어떻게 디톡스를 열망하는 소수의 그 운 좋은 사람들 틈에 낄 수 있다고 생각했는지 이해가 가지 않는다. 정자가 난자에 들어가 수정할 확률처럼 뽑힐 확률이 너무나도 희박했는데 말이다. 나는 인터넷 연결 스트레스가 전 세계적으로 어느 수준에 이르렀는지를, 디지털 고문으로부터 벗어나고자 하는 사람들이 얼마나 절박했는지 과소평가했음을 인정한다. 유럽, 브라질, 미국, 호주, 뉴질랜드, 중국 등 지구촌 방방곡곡에서 신청서가 도착했으며, 심지어 모든 국제 지수에서 세계에서 가장 행복한 나라로 손꼽히는 코스타리카에서도 신청서가 접수되었다고 한다. 맑은 폭포, 앵무새, 나무늘보가 있으며, 일 년 내내 청정에너지를 사용하고 제로 배출을 하는 지상낙원이지만 그곳에도 스마트폰 때문에 스트레스를 받는 사람들이 살고 있는 것이다.

디지털 난민들과 만성적 인터넷 연결자들로 구성된 사람들이 뽑아달라고 신청서를 제출한 것 외에도, 기관지 경련을 완화하고 호흡을 편하게 하기 위해 벤톨린Ventolin 흡입기에 매달리는 천식 환자들처럼 과잉 연결에서 벗어나기 위해 '자연에서 재충전하기' 사이트를 방문한 사람들은 83,207명으로 늘어났다. 온라인에 연결되지 않을 방법을 찾기 위해 온라인에 연결해야만 하는 아이러니에 대해서는 굳이 강조할 필요도 없을 것이다. 주최측은 선발되지 않은 사람들에게 유감을 표명하며 곧 유사한 프로그램을 새로 내놓을 것이므로 자신들의 메일링 리스트와 소셜 채널들을 계속 팔로우해달라는 메일을 보낸다. "중독에서 벗어나려면 중독되세요!"라는 것인가?

얼마 후, 나는 그 '피정'에 대한 기사들을 읽게 되었다. 그것은 뉴스라기보다는 무슨 묵시록 같았다. 참가자들은 그 경험에 깊은 감명을 받은 것 같았고, "어렸을 때 그랬던 것처럼 새벽까지 서로 속마음을 털어 놓았어요", 또는 "포옹을 하고, 술 한 잔을 앞에 두고 긴 대화를 나누고, 속 깊은 이야기를 하는 청소년기로 돌아간 것 같았습니다"와 같은 고백이 여기저기서 터져나왔다. 디톡스 그룹과 함께 했던 코치 역할의 심리학자는(성인 열 명이 닷새 동안 스마트폰 없이 휴가를 즐긴다는데, 코치까지 따라붙는다는 것이 좀 이상하기는 했다) 인터뷰에서 '심오한 변화'가 있었다고 말했다(그는 정말로 '심오한'이라는 단어를 썼다). 기사의 여러 제목들 중 상징적인 제목 하나가 눈에 띄었다. “스마트폰 없이 보낸 닷새. 우리는 이제 스마트폰을 켜는 것이 힘들답니다.” 정말 그랬을까? 나는 디지털 금욕주의자들이 된 그들에게 일상으로 돌아온 뒤 몇 주가 지나고 나서도 그 깨달음이 지속되었는지 물어보고 싶었다. 과연 며칠(또는 몇 시간)이 지난 뒤, 인터넷에서 다시 채팅을 하고 문자를 보내는 자신을 발견하게 되었는지, 그 깨달음이 프라이팬에 올라간 버터 조각처럼 사르르 녹아버리진 않았는지 물어보고 싶었다. 나는 우리가 구원받을 수 있다는 가능성을 믿지 않을 만큼 냉소적이지는 않지만 하루아침에 개과천선한다거나 일반적으로 다시 태어난다고들 하는 말을 믿기가 늘 어려웠다. 여우와 신포도의 이야기처럼 들릴 수도 있겠지만, 그 후기들을 읽었을 때 나는 나를 뽑아주지 않은 심사위원들이 고맙게 느껴졌다. 나는 열정에 쉽사리 빠져들지 않는 편이고, 매끄러운 표면에 생긴 균열을 잘 발견한다. 아마도 나는 그 피정의 신비로움을 망쳤을 것이다. “난 내가 원할 때 그만둘 수 있다”라는 말을 골백번도 더 한 것 같은데, 결국 나는 매번 같은 구렁텅이에 빠진 자신을 발견하지 않았던가. 반복은 고통의 속성 중 하나이고, 나는 그것의 산 증인이었다.

수년 전 나는 한 암자에 머문 적이 있었다. 암자라기보다는 중세시대에 산에 우뚝 솟아 있던 수도원을 세세한 부분까지 모방해서 지어놓은 작은 호화 리조트 같은 곳이었다. 오랫동안 틀린 적 없는 대단한 촉을 가진 사업가였던 그곳의 소유주는 중부 이탈리아의 숲을 강아지와 함께 걸으며 1년 반 동안 찾아다닌 끝에 그 장소를 발견했다고 했다. 그가 원하던 장소는 사방으로 다른 건물은 전혀 보이지 않고, 모든 것으로부터, 특히 전화 신호로부터 멀리 떨어져 있는 곳이었다. 그는 영혼이 숨 쉴 수 있고 인간이 자신을 재발견할 수 있는 곳을 찾고 있었노라고 말했다.

그의 이야기가 사실인지는 알 수 없지만, 그가 침묵이 금이라는 것을 일찌감치 알아차렸던 것만은 확실하다. 과도한 인터넷 사용자 갑부들을 위한 이 '부엔 레티로buen retiro'의 장점 중에는 유럽 절반을 누비며 시장에서 구입한 골동품 린넨 커튼, 문 대신 걸어놓은 황마, 수제 비누, 작은 스파, 공동생활을 하는 수도사들 같은 식사 외에도, '스마트폰 사용불가'라는 중요한 사실이 있었다. 이곳에서 스마트폰 신호는 아예 잡히지 않았다. '돌담이 너무 두꺼워서 뚫고 들어오지 못하는 것이 아닐까' 하는 생각이 들기도 했다. 모든 호텔이 고객에게 바디워시나 샴푸 같은 어메니티와 가능한 한 많은 편의 그리고 무료 와이파이를 제공하는 시대에, 선견지명을 가진 이 사업가는 정반대로 하는 것이야말로 정말 천재적인 아이디어라는 것을 깨달은 듯했다. 그는 인터넷 연결도 안 되고 벨소리도 왓츠앱 메시지도 차단된 수도원의 작은 골방 같은 침실에서 책을 읽고 수평선을 바라보고 생각하는 것 외에는 아무것도 할 수 없는 곳을 만들었다. 우리는 자발적으로 들어온 (특권을 누리는) 수감자들이었다. 이곳은 자동차도 접근할 수 없어서, 45분 거리에 떨어진 주차장에 차를 세워둔 후 숙소에서 제공하는 지프차를 타고 노새나 다닐 법한 좁은 오솔길을 통해 들어와야 한다. 영혼을 해독하기에 완벽한 장소였다. 물론 하룻밤에 수백 유로를 낼 수 있다면 말이다. 그런데도 이 '호텔'은 언제나 예약이 꽉 차 있었다. 우리가 도착했을 때는 스위스에서 일하는 젊은 의사가 시험 준비를 하러 와 있었고, 그곳의 단골 고객이었던 영국인 회사 간부 그리고 다른 많은 사람들이 있었는데, 그들이 다들 엄청난 부자였다는 것 외에는 자세히 기억나는 것은 없다.

짧은 디톡스 스테이를 하자는 아이디어는 당시 나와 함께 살고 있던 사람이 제안한 것이었다. 내가 가진 수많은 집착들의 부수적 현상인 스마트폰을 제거하는 것은 삶과 미래와 가족계획 같은 좀 더 진지한 일에 집중하기 위한 첫 걸음이 될 것 같았다. 우리 둘 다 그렇게 되기를 바랐고 그렇게 될 것이라고 믿고 있었지만, 그런 일은 일어나지 않았다. 경비를 후원해주신 분께 아무리 감사해도 모자란, 그 터무니없이 비싼 주말에 대해서는 수도원의 1.5인용 사이즈 침대의 불편함과 끝없이 흘러나오던(내게는 케이블을 뽑아버리고 싶은 욕구만 불러일으켰던) 케이블 라디오의 마드리갈 음악소리와 다른 손님들과 함께 식탁에 둘러앉아 먹는 저녁 식사(소금을 달라고 할 때조차 엄숙한 침묵을 지켜야 했는데, 외국인들은 그런 '결핍'에도 열광했다)를 제외하면, 나는 정원에 있던 커다란 올리브 나무에 대한 기억만을 간직하고 있다. 그 올리브 나무가 있던 곳은 산골짜기에서 유일하게 3G가 터지는 지점이었다. 우리가 그곳에 머무는 내내 그 나무는 우리에게 신성한 토템과 같은 존재가 되었다. 우리는 중독자처럼 그 나무 주위에 모여들어 스마트폰 신호가 터지기를, 스마트폰 화면 위로 생명의 기운이 밀려들기를, 인터넷 연결을 알리는 딩동 소리나 왓츠앱 메시지가 울리기를 기다렸다. 다같이 이런 기도라도 하는 것 같았다. "제발 트윗 한 번만 하게 해주세요. 다른 건 바라지도 않아요. 딱 한 번만 하고 안 할게요." 결코 끝날 것 같지 않았던 그 긴 사흘 동안 다른 손님들과 나 사이에 진심으로 주고받은(별별 언어로, 또는 몸짓으로) 유일한 대화는 이것이었다. "신호 잡혀요?"

세계에서 가장 디지털화된 국가인 한국에서도 아마 그럴 것 같은데, 미국에서는 스마트폰에 대한 반발이 이미 시작되었고, 곧바로 유행처럼 번져나갔다. 적어도 특정 지식인 집단에서는 그랬다. 밀레니얼 시대의 가장 뛰어난 미국 저널리스트인 지아 톨렌티노 Jia Tolentino는 《뉴요커》에 이렇게 썼다. "이제부터 매주 기자 한 명씩 트위터에 자신이 트위터를 떠난다고 선언하거나 소셜 미디어에서 멀어지고 있다는 글을 쓸 것입니다." 이런 전향은 너무 흔해서 작가 제이슨 게이Jason Gay가 《월스트리트 저널》에서 패러디했을 정도였다. "15분 전에 저는 페이스북, 인스타그램, 트위터 사용을 중단했습니다. 불과 몇 초 안 되어 저는 제가 더 행복하고 덜 짜증을 내고 더 사색적이고 더 안정감 있어졌다는 것을 알아차렸습니다. 저는 이웃과 반려동물들에게 더 친절해졌고, 중요한 활동에 더 많은 시간을 할애하고 있습니다." 꼭 마지막 담뱃불을 끄고 나서 3시간 뒤에 이미 음식 맛을 더 잘 느끼게 되었다고 큰소리치는 일부 흡연자들의 말처럼 들리지 않는가?

미국의 최신 트렌드 중 하나는 '디지털 안식일digital Sabbath'이다. 일주일에 하루는 전화도 소셜 미디어도 인터넷도 이메일도 없이 보내는 것이다. 24시간 동안 디지털 기기를 멀리하고 가족과 어울려 식탁에서 서로 대화를 나누는(이제는 일요일에 조부모를 방문하거나 크리스마스 이브에 빙고 게임을 하는 것과 같이 잊혀진 전통이 되어버린) 일로 돌아가는 것이다. 아이들도 같이 이 '정리decluttering' 프로그램에 참여하여 하루 동안 유튜브와 게임을 멀리해야 한다. 내 친구 몇 명도 이 디지털 안식일을 적용할 생각이 있다고 말한 적이 있다. 물론 내가 그 사실을 아는 것은 친구들이 여느 때처럼 그 이야기를 페이스북에 게시했기 때문이다.

간헐적 디지털 단식은 포괄적이고 통제된 해독의 한 형태로, 한 번쯤은 도전해볼 수도 있을 것 같다. 일주일 중 하루를 선택하되, 직장일에 영향을 주지 않을 업무일이 아닌 날로 정하고, 그 시간 동안 액정을 대신할 그럴듯한 대안을 찾기 위해 노력하기만 하면 된다. 어느 책에서 "아무것도 안 하는 것보다 더 어려운 일은 없다"라는 말을 읽은 적이 있다. 나는 일단 일요일에 혼자 테스트해보기로 했다. 나는 매우 진지한 자세로 테스트에 임했다. 자동차 글로브 박스에 스마트폰을 넣고 집에서 멀리 떨어진 곳에 차를 주차한 뒤 집에는 택시로 돌아왔다. 내 의지의 한계를 잘 알고 있으므로 일종의 예방 조치를 해둔 것이다. 가슴이 뛰었다. 태양은 빛나고 기온은 온화하며, 지금 로마는 한때 제국의 수도였던 그 모습과 정말로 닮아 있었다.

하루 종일 스마트폰 없이 보내다보니 아이들이 어렸을 때 마렘마Maremma의 시골집에서 여름마다 짧은 휴가를 보냈던 것이 생각났다. 마을에서 흙길을 두 시간 정도 달려야 닿을 수 있는 곳이었다. 더운 물도 안 나오고, 외부 세계와의 접촉도 없고, 전기도 없어 가스램프로만 불을 밝히고 지냈다. 너무나 멋진 시간이었다. 무엇보다도 그것이 오래 지속될 수 없는 시간임을 알고 있었기 때문이다.

나는 스마트폰 없이 일요일을 아주 잘 보냈다고 말할 수 있다. 점심을 먹고 나서는 소파에 앉아 천장을 바라보며 족히 한 시간은 보냈고, 아이들에게 물려준 인터넷에 연결되지 않은 컴퓨터에서(따라서 엠바고에서 제외된) 사용하지 않는 메일함에 들어 있던 오래된 이메일을 다시 읽어보기도 했다. 어느 순간 어찌할 바를 모르고 집안을 서성이는 나 자신을 발견하기도 했지만 그것은 뇌를 과산소 상태로 만든 갑작스러운 정신적 침묵 때문일 것이라고 생각한다(하타 요가 수업에 등록했을 때에도 같은 일이 벌어진 적이 있었는데, 호흡에 집중했더니 갑자기 머리가 어지러워져서 나는 첫 수업을 포기할 수밖에 없었다). 어쨌든 스마트폰 없이 하루를 마감하게 되었고, 나는 만족했다. 디지털 사순절의 24시간 동안 나는 화면에 대한 특별한 향수도 느끼지 않았고, 도파민을 주입해달라는 뇌의 요청도 저지했고, 오후 6시가 다 되어 아이폰 대신 책을 집어 들었을 때도 그 어떤 거부 반응을 느끼지 않았다. 내가 왜 지금까지 이렇게 해보지 않았는지 의문이 들었다. 이따금 단식을 하면 신체의 세포가 재생되는 것처럼, 짧고 체계적이며 건강한 인터넷 단절은 내 신경 회로를 재활성화하는 데 가장 좋은 방법인 것 같았다.

월요일이 되어 나는 완전히 평온한 마음으로 스마트폰을 되찾으러 갔다. 차분하게 자동차 문을 열고, 글로브 박스를 연 다음, 편안하게 손을 뻗어 스마트폰을 집어 들었는데, 아슬아슬하게 남은 배터리와 함께 수십 개의 알림을 볼 수 있었다. 왓츠앱 메시지부터 문자 메시지, 부재중 전화, 페이스북 알림, 이메일까지 평소보다 더 많은 알림이었다. 내가 온 세상의 존재를 망각한 그날, 온 세상이 나의 존재를 알아차린 것 같았다. 바로 그날 모든 일이 일어나도록 온 우주의 엔트로피가 내 스마트폰을 향해 모인 것처럼 말이다.

배터리가 나가기 전에 도착한 메시지와 알림들을 서둘러 확인한 후 도착 순서에 따라 재구성해보았다. 1) 한 친구가 심각한 오토바이 사고를 당해 병원으로 급히 이송되었다. 2) 다른 친구가 나에게 사고를 알리려고 했다. 3) 또 다른 친구는 자기 차가 고장 나는 바람에 응급실로 어떻게 가야 할지 몰라 내게 전화를 걸었다. 4) 내 딸의 반 친구가 여는 파티는 예정 시간이 임박해서 다른 곳으로 장소가 바뀌었고, 그것이 우리가 예정된 약속 장소에 갔을 때 아무도 없었던 이유였다(엄마들의 채팅 속에 파티 사진들이 주르륵 올라왔고, 유일한 불참자는 내 딸뿐이었다는 것을 직감할 수 있었다. 이 사실을 아이가 아는 순간 내게 난리를 칠 것이 분명했다). 5) 아들의 디지털 생활기록부에, 월요일 아침에 학습 점검 시험이 있을 것이라는 공지가 미리 떴지만, 그것을 모르는 아들은 당연히 시험 공부를 하지 않았다. 아이는 이번 학기 평균을 회복할 수 없을 정도로 깎아 먹을 끔찍한 성적을 받을지도 모르겠다. 이것 외에도 또 다른 메시지 무더기가 쌓여 있어, 읽어도 읽어도 끝이 없었다. 어쩌면 내가 화면에 쌓여 있는 메시지 더미를 한꺼번에 확인해서 그렇게 느끼는 것일까? 평상시처럼 알림이 올 때마다 하나씩 확인했더라면 그런 느낌은 들지 않았을 텐데 말이다.

나는 완전히 무력감을 느꼈다. 이것이 나의 처음이자 마지막 '디지털 안식일'이 될 것이 분명해졌다.

"당신이 진정으로 최상위 계층에 있다면 그 누구에게도 응답할 필요가 없습니다. 다른 사람들이 당신에게 응답해야 하죠." 어느 날 저녁, 평소처럼 특별히 찾는 것도 없이 인터넷을 뒤적이다가 《뉴욕 타임즈》 웹사이트의 박스 기사에서 우연히 이 문장을 보게 되었다. 처참하게 끝난 나의 디지털 안식일로부터 며칠 지나지 않은 때였기에, 바로 내 이야기인 것만 같았다. 나는 은행 신용 등급을 제외하고는 그 무엇에서도 최상위가 아니므로 당연히 기기 없이 당당히 돌아다닐 수 있는 그 엘리트 그룹에 속하지 않는다. 인정하기 싫지만 사실이었다.

나는 며칠이 지난 뒤에도 여전히 그 문장과 디지털 단식일에 대해 생각하고 있었다. 그 디지털 금욕의 날에 아이들이 나와 함께 있지 않았다면 어떻게 되었을까? 아이들에게 무슨 일이 생겼는데 내가 바로 알지 못했다면 어떻게 되었을까? 어쩌다가 나는 디지털 기기들과 분리된 삶을 바라게 되었을까? 옛날에는 도대체 어떻게 의사소통을 했을까? 이제 나는 이러한 물음이 더 이상 공허한 수사적 질문이 아님을 알고 있다.

내 아들의 학교 숙제나 시험 일정을 알려주는 개인 비서나 개인용 헬리콥터도 없고, 삶에 생기를 불어넣기 위해 가끔 소셜 미디어의 숨결을 느낄 필요도 없을 만큼 열정적이고 흥미진진한 삶을 살지 못하는 나는 지속적인 온라인 연결을 피할 수 없으며, 단테의 죄인들처럼 디지털 기기들 주위를 끊임없이 빙빙 도는 벌을 받고 있는 중이다. 서던 캘리포니아대학교의 마케팅 학과장인 조셉 뉸즈Joseph Nunes는《뉴욕 타임즈》의 기술 분야 전문 기자인 넬리 보울스Nellie Bowles와의 인터뷰에서 다음과 같이 말했다. "한때 무선 호출기는 당신이 중요하고 바쁜 사람이라는 표시였기 때문에, 갖고 싶은 품목 상위권에 올라 있었습니다. 그런데 오늘날에는 정반대가 되었습니다." 뉸즈가 주장하는 바에 따르면, 사람들과의 대면 접촉이 요트 같은 사치품이 되어가고 있다는 것이다. 일련의 링크를 타고 다니며 읽은(사실 나는 저녁식사에 필요한 레시피를 확인하려고 인터넷에 접속한 것이었다) 또 다른 기사에서는 부자들이 돈을 어떻게 쓰고 싶어 하는지 기업에 알려주는 회사인 럭셔리 인스티튜트Luxury Institute의 CEO 밀턴 페드라차Milton Pedraza가 좀더 노골적인 표현으로 비슷한 주장을 펼치고 있었다. 한때는 값비쌌던 디지털 기기의 가격이 누구나 구매할 수 있을 정도로 내려간 지금, 새로운 부의 상징은 소셜 미디어를 버리고, 이메일에 바로 답장하지 않고, 최신 아이폰 모델로 무장하지 않는 것으로 바뀌었다는 것이다. 반면에 플랫폼이나 디지털 기기에서 시간을 보내는 것은 이제 '낙오자'의 일이 되었다. 기사는 정확히 "부자들이 가난한 사람들보다 탄산음료를 덜 마시고 담배를 덜 피우는 것처럼"이라고 썼다. 물론 그의 말에 전적으로 동의할 수는 없었지만, 나는 충격을 받고 마음이 무겁게 가라앉았다.

기사를 다 읽은 후 브라우저 창을 닫고 페이스북에서도 나와서 가만히 내 아이폰을 바라보았다. 몇 년도 버전인지도 모르는 구식 모델인 게 다행이라는 생각이 들었다. 일어나 부엌으로 가서 커피를 내리면서 곰곰히 생각에 잠겼다. 이런 종류의 정보를 얻게 되었을 때, 그것이 나에게 새로운 사고의 지평을 열어줄 깨달음을 줄지, 아니면 말도 안 되는 헛소리로 끝날지 알 수 없는 불확실함 속에서 나는 늘 오락가락한다. 대개는 후자로 기울지만, 이 경우에는 내 마음속 저울의 바늘이 첫 번째 옵션 쪽으로 좀 더 기울고 있었다. 디지털 기기 중독이 사회적 불평등을 만드는 결정적인 도구가 되고 있다는 생각이 드는 것이다.

디지털 계급주의에 대해 많은 사람들의 의견을 접했지만 그 누구도 보울스처럼 그렇게 노골적으로 이야기한 적은 없었던 것 같다. 그는 "사람이 인간관계에 얼마나 편안함을 느끼는지가 새로운

플랫폼이나 디지털 기기에서

시간을 보내는 것은

이제 '낙오자'의 일이 되었다.

부자들이 가난한 사람들보다

탄산음료를 덜 마시고

담배를 덜 피우는 것처럼.

계급의 지표가 될 수 있습니다"라고 결론지었다. 이런 생각이 들었다. 지위뿐만 아니라 인간관계에 속할 수 있는 능력에 기초하여 계급으로 분열된 사회는 우리에게서 모든 것을 비워버린 무자비한 자본주의의 마지막 행태가 아닐까?

우리가 이 여정의 끝에 당도했을 때 이 사회의 무엇이 남아 있을지 의문이 들었다. 한편에는 정체성과 집중력 그리고 듣기 좋은 소리와 자기만족을 얻을 수 있는 인간관계의 조각들을 포기하지 않아도 되는 부유한 사람들이 있다. 다른 한편에는 그 나머지인 우리 모두가 있다. 끊임없는 외로움의 덫에 빠져 있고 개인 속에 함몰되어 있는 사람들, 날이 갈수록 신경망이 산산이 부서지는 것을 그저 바라볼 수밖에 없는 사람들이다. 신경망은 남들과 접촉하여 두 눈을 바라보고 서로를 쓰다듬고 삶을 통해 상호작용할 때 활성화된다. 어느 책에서 읽은 내용에 따르면, 이 신경망은 상대방의 생각과 의도를 이해하는 데 중요한 네트워크로, 수백만 년에 걸쳐 완성되었지만 소실될 위험도 있다고 한다. 우리는 대부분의 시간을 화면에서 보내고 그 안에서 관계를 엮어가고 있다. 단어는 이제 단순한 문자의 연속이 아니라 행위가 되었다. 화면screen은 '방패, 보호'라는 뜻의 고대 게르만어 'skirm'에서 유래했다. 거대한 패스트푸드점 같은 사회에서 번쩍이는 방패의 보호를 받으며 살고 있지만 우리는 그것을 깨닫지조차 못한다. 우리가 그것을 이해할 때쯤이면 너무 늦을 수도 있다. 나는 이 모든 것이 과장일 뿐이기를, 세상의 종말은 없지만 그저 종말 이후의 세상을 그려본 상상일 뿐이기를 바라고 있다.

스마트폰에 집착하고 있다는 것을 깨닫게 된 이후, 나는 집착에 벗어나기 위해 다양한 시도를 해보았다. 그러나 아무 소용없었다. 스마트폰 벨소리도 진동음도 왓츠앱, 페이스북, 메일의 알림도 다 제거해봤지만, 자꾸만 무언가 온 것이 없는지 확인하게 된다. 이럴 바에는 차라리 메시지가 화면에 표시되도록 내버려두는 것이 더 낫지 않았을까 싶기도 했다. 나는 트위터와 인스타그램을 하지 않는다. 그럼에도 불구하고 계속해서 내가 관심 있는 사람들이 트위터와 인스타그램에서 무슨 말을 했는지 뉴스 사이트에서 검색한다. 힘든 작업에 집중해야 할 때면 스마트폰을 보고 싶은 유혹이 들지 않도록 가능한 한 멀리 갖다 놓는다. 하지만 혹시라도 중요한 연락이나 놓치면 안 될 메시지가 오지 않을까 걱정이 되어 스마트폰을 둔 곳에 모든 신경이 쏠리게 되고, 결국은 스마트폰을 내 옆에 두었을 때보다도 더 나를 산만하게 만들어버린다.

미리 설정해둔 시간이 지나면 스마트폰에 계정을 차단해주는 프리덤Freedom이나 스마트폰 잠금을 해제하려고 하면 나뭇잎이 떨어지고 시드는 포레스트Forest 또는 스페이스Space 같은 디지털 사용 예방 애플리케이션을 다운로드해보지는 않았다. 스페이스는 우리가 가장 좋아하는 플랫폼에 들어가기 전에 심호흡을 하게 하는(심호흡을 하면 나는 오히려 더 긴장하게 되던데) 애플리케이션이다. 개발자인 램지 브라운Ramsay Brawn은 심호흡을 통해 속도를 늦추고 우리가 하려는 행동에 대해 좀 더 생각할 수 있게 된다고 장담했다(이 앱의 홈페이지에서는 "약간의 호흡만 있으면 통제력을 되찾을 수 있습니다"라고 홍보하고 있다). 얼마 전 나는 성공한 젊은 신경과학자 램지 브라운을 로스앤젤레스의 베니스에 있는 그의 회사 바운들리스 마인드Boundless Mind의 본부인 차고(정말 차고였다)에서 만날 수 있었다. 나는 차고에 대한 캘리포니아의 열정을 충분히 알고 있다. 차고는 애플과 구글의 젊은 선지자들이 미래를 다시 쓴 기념비적인 곳이다. 따라서 반바지에 민소매 차림으로 테이블에 발을 얹고(정말 그랬다!), 건초 맛이 나는 것 같은 시커먼 커피가 담긴 머그잔을 손에 들고, 무릎 위에 맥킨토시 노트북을 올려놓고 있는 엔지니어들을 보면서도 나는 그다지 충격을 받지 않았다. 그날 로스앤젤레스는 찌는 듯이 더웠고, 불가마처럼 뜨거운 그들의 '차고'는 시멘트로 된 작은 실내 주차장과 맞닿아 있었다. 스타트업이 아니라 자동차 수리공장에 온 기분이 들었다. 사실 나의 평정심을 깬 것은 브라운의 모습이었다. 이마까지 푹 눌러쓴 커다란 검은색 모자에 배꼽이 다 보이도록 풀어헤친 흰색 셔츠 사이로는 북실북실한 털이 삐져나와 있었고, 무릎 아래 기장의 청바지에 슬리퍼를 신고 스케이트보드를 타고 나타난 것이었다. 편안한 차림일 것이라고 짐작은 했지만 그렇게까지 편안할 줄이야! 하지만 겉모습이야 어떻든 브라운은 현재 첨단기술 응용 신경과학 분야에서 가장 뛰어난 전문가 중 한 명이다.

브라운은 자신이 무슨 말을 하고 있는지 완벽하게 이해하고 있는 사람이 그렇듯 단호하고 정확한 어조로 나에게 말했다. “인터넷 응용 프로그램은 고급 소프트웨어를 사용하여 이용자의 행동을 조작하고 제어합니다. 사람들은 주의집중을 잃지 않기 위해 싸우지만 그 전쟁에서 이길 방법을 모릅니다. 하지만 우리가 그 방법을 알고 있습니다. 우리 회사에서 그 도구를 판매하고 있으니까요.” 소셜 미디어에 중독된 사람들을 해독하기 위해 스페이스라는 앱을 파는 그가 예전에는 사람들을 디지털 기기에 계속 붙어 있게 하도록 고안된 코드를 발명하여(그의 스타트업의 예전 이름은 ‘도파민 랩스Dopamine Labs’였다) 수백만 달러를 벌어들인 장본인이라는 사실이 좀 혼란스럽기는 했다. 마약 딜러가 마약중독 치료 서비스SERT의 책임자라거나 방화범이 소방관이라거나 하는 이야기와 비슷한 맥락으로 보였기 때문이다. 나는 이러한 형태의 정신 분열을 극복하고 사는 사람들을 보면 감탄하게 된다. 보통은 “낯짝이 두껍다”라고 표현하기도 한다. 그러나 어쩌면 일관성이란 것은 상상력이 빈약한 사람들이나 가질 수 있는 미덕인지도 모르겠다.

앱에 의존하고 싶지 않다면 개인 ‘디지털 정리digital decluttering’ 클리닉들이 많이 열려 있으니 맘에 드는 곳을 골라 등록하면 된다. 그중 코네티컷 주 웨스트 하트포드에 있는 ‘인터넷 및 테크놀로지 중독 센터’는 2019년 9월에 디지털 과잉 연결자들을 위한 첫 번째 재활 프로그램을 열었다. 프로그램은 경우에 따라 2개월에서 3개월 정도 진행되며, 환자와 스마트폰 사이의 건강한 관계 재정

립을 목표로 한다. 즉, 환자들에게 마약 중독자 커뮤니티와 유사한 회복 경로를 제공하여 그들의 삶에서 무엇이 문제인지 이해하게 하는 것이다. 이에 대해서는 기기 중독 치료에 있어서 미국에서 가장 권위 있는 센터의 설립자 데이비드 그린필드David Greenfield 교수가 스카이프를 통해 나와 대화하면서 설명해주었다(아직 그의 센터가 문을 열기 전이었다). 나는 그에게 디톡스 패키지 비용이 얼마 정도인지 물어보았는데, 그는 돈에 대한 이야기를 아무렇지 않게 하는 미국인답게 흔쾌히 대답해주었다. "하루에 600에서 800달러입니다. 거기에 더해 초진료는 150에서 400달러까지 나올 수 있습니다." 그 해독 비용을 감당할 수 있는 사람이 누구냐고 물어볼 필요도 없었다.

유럽에도 이와 비슷한 클리닉이 있는지는 모르겠다. 나는 파리 근교에 위치한 중독을 전문으로 다루는 브루스 공립 병원의 정신과 및 중독과를 맡고 있는 로랑 카릴라 박사와 이야기를 나누었다. 이곳은 서로 연결되어 있는 큰 정원들과 회랑이 있는 파빌리온 같은 곳으로, 오래된 요양원 같기도 하고 어떤 의미에서는 명망 있는 과학기관처럼 보이는 전통적인 분위기의 병원이었다. 반면 카릴라는 '예사롭지 않은' 사람이었다. 구글에 그의 이름을 검색해보면 금방 알 수 있겠지만, 여러 사진에서 그는 유명한 프랑스 정신과 의사에게서 기대할 법한 것과는 전혀 다른 모습을 하고 있다. 물론 그것은 그가 하드록과 헤비메탈의 열렬한 팬이라서 그런 것뿐이니 걱정할 필요는 없다. 그는 자신의 취미가 "그 어떤 고통도 불러일으키지 않는 긍정적인 중독"이라고 못 박았다.

양털처럼 뽀글거리며 중력에 저항하는 듯 하늘로 솟구친 까만 머리카락, 한 마디 한 마디 말할 때마다 콧잔등에서 춤을 추는 안경을 낀 카릴라는 내부에서 적과 싸우는 것을 택한 사람이다. 그는 트위터 계정 하나, 페이스북 계정 두 개를 갖고 있고 인스타그램과 왓츠앱도 하고 있다. 누가 나에게 건강에 해로운 것을 피하라고 할 때, 그것이 무엇인지 정확히 알고 말하는 사람이라면 더 신뢰가 갈 것 같지 않은가? 스마트폰과 소셜 네트워크에 대해 불만 가득한 열변을 토하다가 사실 자신은 옛날에 나온 노키아폰 외에 다른 것은 사용한 적이 없으며 인스타그램은 들어가본 적도 없다고 고백하는(그런 사람들이 정말로 있다. 그런 이들이 낸 책을 읽은 적이 있다) 사도들에 대해 나는 언제나 약간의 편견을 갖고 있었다. 그런데 카릴라가 연구실 문 앞에서 나를 맞이하며 제일 먼저 물어본 말은 트위터 계정이 있느냐는 것이었다. 내가 없다고 하자 그의 눈빛에는 못마땅한 실망의 기색이 스치고 지나갔다. 카릴라는 실용적인 이야기로 해독 요법에 대해 설명하기 시작했다. "우리 모두에게는 결국 디지털 기기가 필요합니다. 아닌 척해봐야 소용없죠." 나는 고개를 끄덕였다. 중독으로부터 벗어나기 위해 마음을 풀어놓는 해방적 접근법으로 출발하는 것이다.

나는 공공 서비스에 대한 믿음이 있고 '디스커넥션 비즈니스'라 불리는 사업을 극도로 경계하는 카릴라가 마음에 들었다. 그는 스마트폰과 소셜 네트워크 중독이 치료될 수 있으며 세계보건기구가 제안하는 공식 중독 목록에 포함되어야 한다고 확신하지만, '디지털 정리'의 긴 과정은 의미가 없다고 믿고 있다. 그는 이렇게 설명했다. "장기간 다이어트를 해본 적 있습니까? 다시 식사를 하게 되었을 때 어떻게 되었습니까? 전보다 더 배고픔을 느끼게 되죠." 그의 말에도 일리가 있다. 나는 아코디언처럼 몸을 늘렸다가 줄였다가 하는 사람들을 알고 있다. 두 달 만에 20킬로그램을 감량했는데, 그 다음 3개월 동안 25킬로그램이 다시 찐 사람들 말이다.

카릴라는 인터뷰가 끝나고 작별인사를 나누기 전에 스마트폰 중독에 빠지지 않기 위해 따라야 할 실천 사항들이 적힌 일종의 십계명 같은 안내서를 챙겨주었다. 예방 목록에는 다음과 같은 말들이 적혀 있었다. "스마트폰은 베이비시터가 아닙니다. 아이들의 손에 쥐어주지 마세요. 밤에는 화면을 보지 마십시오. 심심할 때마다 스마트폰을 꺼내지 마세요. 식탁에서 스마트폰을 사용하지 마십시오. 언제든 연락가능한 사람이 되지 마세요. 바에 가거나 술을 마시러 가서 스마트폰만 보고 있지 마세요." 포화 지방이나 설탕, 튀긴 음식을 과도하게 섭취해서는 안 된다는 말처럼, 뻔하고 간단하고 상식적이면서도 널리 공유할 만한 교훈들이었다.

나는 그의 말을 경청하고 있었지만, 주의력 곡선이 위험하게 아래로 곤두박질치고 있었다. 그런데 어느 순간 그가 놀랄 만한 말을 내뱉었고, 내 주의력 곡선은 순식간에 위를 향해 솟구쳤다. "메시지나 이메일에 언제나 곧바로 응답할 필요는 없습니다. 답장은 나중에도 쓸 수 있어요. 대부분의 경우, 당장 답을 해야 할 정도로 급한 메시지는 없습니다. 그리고 매번 뭔가가 기억나지 않을 때마다 즉시 구글에서 정보를 확인할 필요도 없습니다. 불확실성을 품고 있다는 것이 나쁘기만한 것은 아닙니다." 그는 내게 설명했다. "우리는 강박을 예의로 착각하고, 부족한 정보를 찾아 인터넷에 몸을 던지는 것을 지식에 대한 갈증으로 착각합니다. 우리는 깨닫지 못하지만 그것들은 단지 정신적 자동증, 즉 자극에 대한 통제되지 않는 반응일 뿐이고, 그러면 그럴수록 점점 더 강화되는 정신적 충동일 뿐입니다."

카릴라의 말이 옳았다. 나는 그동안 한 번도 그런 생각을 해본 적이 없었다. 모든 충동이나 메시지, 이메일 또는 자극들에 항상 반응해야 할 의무는 없는데 말이다. 디지털 기기들이 우리에게 요구하는 것이 무엇이든 그것을 하기 전에 잠시 멈추려는 노력을 해보는 것이 좋을 것이다. 자극에 반응하여 바로 행동하는 대신, 그동안 우리가 의존해왔던 자동 조종 장치를 먼저 해제하려는 노력을 해보자. 이것을 우리는 그리고 나는 기억해야 한다.

마감에 늦어 정신이 없던 어느 날 아침이었다. 일분일초가 급한 상황인데 스마트폰에 딸아이의 학급 채팅방 메시지가 떴다. 나폴리 카르다렐리 병원의 긴급 고지를 공유한 것으로, 라니티딘 성분을 함유한 일부 의약품의 즉각적인 회수 명령에 관한 내용이었다. 인도 공장의 일부 시설에서 발견된 잠재적 발암 물질인 N-니트로 메시지나 이메일에 언제나 곧바로 응답할 필요는 없습니다.

답장은 나중에도 쓸 수 있어요. 대부분의 경우,

당장 답을 해야 할 정도로 급한 메시지는 없습니다.

그리고 매번 뭔가가 기억나지 않을 때마다

즉시 구글에서 정보를 확인할 필요도 없습니다.

불확실성을 품고 있다는 것이 나쁘기만한 것은 아닙니다.

소디메틸아민의 오염이 의심되어 이탈리아 의약청이 내린 조치였다. 병원의 통신문에는 세 가지 약품만 언급되어 있었지만 채팅방에는 글씨체가 다른 메시지 두 개가 더 올라왔고(평상시 같았으면 곧바로 이상하다고 의심했을 텐데), 어린이에게 널리 사용되는 일부 약품을 포함하여 복용해서는 안 될 약품들의 리스트가 길게 적혀 있었다. 보통 이런 종류의 공유 메시지를 읽을 때, 나는 의심스러운 것은 본능적으로 삭제하거나 사실 확인을 하지만 그날은 그런 검증 단계를 모조리 건너뛰었다. 여러 가지 이유가 있었지만 결국에는 다 핑계일 뿐이었다. 마감 때문에 바빴고, 뉴스의 내용이 취약한 감정적인 부분을 건드렸고, 음모론일 수도 있지만 메시지를 공유한 사람이 약품들에 대한 기밀 정보를 알고 있을지도 모른다는 생각도 들었다. 그리고 이미 눈앞에 목록이 정리되어 있어서 의약청 홈페이지에 들어가 직접 확인하지 않아도 된다는 편리함 때문에 나는 관련 메시지들을 친구들과 동료들 그리고 내가 속한 그룹 채팅방에 전달하고 말았다.

그런데 공유를 하자마자 공유에 대한 불안감이 점점 증폭되더니 결국 나를 패닉 상태에 빠지게 만들고 말았다. '보내기' 버튼을 누르고 나서야 그 약품 목록이 가짜가 아닐까 하는 의심이 들었던 것이다. 내가 바보 같은 짓을 했음을 깨달았을 때는 너무 늦은 뒤였다. 메시지들은 빛의 속도로 전달되었고, 나에게 메시지를 받은 지인들은 자신의 지인들에게 차례로 전달했다. 그렇게 해서 내 스마트폰에서 그리고 또 다른 수천 명의 스마트폰에서 증식된 그 가짜 뉴스는 암세포가 전이되는 것처럼 퍼져나갔고, 몇 시간 후에 이탈리아 의약청은 허위 정보의 광기를 가라앉히기 위해 공식 성명을 발표해야 했다.

나는 나와 다른 데이터를 손에 쥐고 있던 친구들과 누구의 정보가 맞는지 이해하려 애쓰면서 논쟁을 벌이느라 반나절을 허비했다. 그 사이에 접속 폭주로 먹통이 된 보건부 웹사이트에 접속을 시도해보기도 하고, 제대로 된 의약품 리스트를 찾아서 모두에게 다시 메시지를 보내고, 사과하고, "누로펜Nurofen은 아이들에게 계속 줘도 된답니다"라고 스무 번쯤 답장을 하고, 고집불통인 사람들에게는 내가 어리석었으니 이미 휴지통에 들어간 그 약들을 부디 회수하시라고 설명하느라 진땀을 뺐다. 나는 정보의 진위를 확인하지도 않고 학급 채팅방에서 제일 먼저 그 메시지들을 공유한 학부모에게도 화가 났다. 방금 나조차도 똑같은 짓을 해놓고 모든 것을 그녀의 탓으로 돌리고 싶었던 것이다. 결국 그날 나는 시간과 에너지를 낭비했고, 쓸데없는 불안감을 느껴야 했으며, 일도 제대로 마무리하지 못했다.

나는 킹스칼리지 런던대학교의 바비 더피Bobby Duffy 교수 덕분에 죄책감을 약간은 덜 수 있었다. 더피는 저서《인식의 위험The Perils of Perception》에서 끝없이 실수하는 우리의 무궁무진한 '능력'을 40년 동안 연구한 노벨상 수상자 다니엘 카너먼Daniel Kahneman의 말을 인용하면서, 우리에게는 종족에 대한 진화론적 편견이 내재되어 있기 때문에 학자들이 '1번' 인지 시스템이라고 부르는 빠르고 본능적인 생각과 정신적 함정에서 빠져나올 수 없다고 주장했다. 그러나 우리는 '2번' 인지 시스템이라고 할 수 있는 느리고 비판적인 사고를 더 정교하고 심오하게 만드는 훈련을 통해 자기 자신을 과신하지 않도록 경계하고 객관성을 유지할 수 있다. 우리가 스스로를 다치게 하려할 때 울리기 시작하는 경고 알람처럼 말이다. "우리에게는 위험을 인식할 수 있는 신호가 있어서 스스로에게 '조심, 조심! 실수할 위험이 있어요'라고 알려준다." 아직 우리에게는 희망이 있는 것이다. 물론 비판적 사고를 강화하는 것이 쉬운 일은 아니지만, 충분히 시도할 만한 가치가 있다. 모든 충동과 조작, 가짜 뉴스, 부정확성 또는 인터넷에 난무하는 수많은 정보(그 가운데서 우리는 술에 취한 사람처럼 붙잡고 매달릴 가로등도 하나 없이 휘청이며 방황하고 있다)를 제거하거나 막을 수 있기를 바라는 것은 불가능을 요구하는 것이기 때문이다. 할 수 있는 일을 해야 하는 것이다. 우리는 짓이겨지지 않기 위해 최선을 다해야 한다.

쌍둥이가 태어났을 때 의사들은 '엄청난' 미숙아들이라고 했다. 아이들은 둘 다 몸무게가 1킬로그램 미만이었다. 쌍둥이는 인큐베이터에서 한 달 반을 보냈다. 신생아 전문의들과 우리 사이에는 암묵적인 동의라도 이루어진 것 같았다. 우리는 아무것도 묻지 않았고 그들은 아무것도 말하지 않았다. 사실 할 말도 별로 없었다. 할 수 있는 일이라고는 그저 기다리는 것과 기도하는 것뿐이었기 때문이다. 오로지 비슷한 상황에 처한 사람만이 이해하고 인내할 수 있는 무거운 침묵이었다. 어느 날 간호사 한 명이 그 암묵적 동의를 깨고 우리에게 말을 건넸다. 아이들이 전선과 튜브로 가득한 수족관처럼 보이는 인큐베이터 안에서 자는 동안 우리에게 한 손은 아이들의 머리에 그리고 다른 손은 작은 발바닥에 대보라고 했다. 간호사는 그 행동의 의미가 '아이들을 품는다는 의미'이고, 아이들에게 좋은 영향을 미칠 것이라고 했다. 나는 그것이 그녀의 생각인지, 아니면 과학적 근거가 있는 이야기인지 알아보지는 않았지만, 그곳에 있는 것이 허락되는 시간 동안에는 내내 그 자세로 꼼짝 않고 있었다. 나는 아이들을 '품고' 있을 때, 아이들의 바이털 사인과 심박수, 산소포화도, 체온 상태가 좋아진 것 같은 느낌을 받았다. 신생아 옷 중에서 가장 작은 사이즈도 너무 커서 인형 옷을 입어야 했던 그 작고 연약한 생명체들은 이제 건강한 두 소년소녀로 자랐고, 나는 그것이 어느 정도는 아이들을 '품고' 있었던 우리의 손 덕분이라고 생각하면 기분이 좋아진다.

신경과학자 매리언 울프가 디지털 기기에 구속되지 않기 위한 방법에 대하여 나에게 말해주었을 때 나는 아이들을 품고 있던 그 손짓에 대해 생각했다. 울프는 중요한 무언가를 예고하는 아주 느린 몸짓과(녹화한 비디오를 다시 돌려봤다) 신탁을 말하는 듯 진지한 어조로, 마치 마법의 주문을 들려주는 것처럼 이야기를 시작했다. "저는 매일 아침, 알람을 일찍 맞추고 일어나서는 인터넷에 접속하거나 스마트폰에 문자를 찍는 대신에 가장 먼저 책을 읽습니다. 주로 철학이나 신학 에세이 같은 진지한 내용의 책을 골라 읽습니다. 저녁에는 소설을 읽습니다. 물리적인 글이 적힌 책을 하루의 시작과 끝에 놓는 것입니다. 마치 그 가운데 하루를 품는 것처럼 말입니다. 이것은 사물의 복잡성과 질서와 깊이에 내 두뇌를 단련시키는 방법입니다. 저는 하루에 10시간을 노트북과 스마트폰을 보며 지내는데, 이것은 업무에 필요하기 때문에 어쩔 수 없습니다. 사실 그 작업을 좋아하기도 합니다. 하지만 하루를 시작하고 마무리하는 것은 항상 물리적인 종이책입니다. 알파와 오메가, 그 사이에 나머지가 흐르는 거죠."

울프의 방법이 내게도 통할지는 모르겠지만 일단 시도 중이다. 잠에서 깨어나자마자 그리고 잠자기 전에 디지털 기기에 접속하여 뇌를 핀볼 모드로 전환시키는 것이 좋은 것이 아닌 것은 분명하다. 긴 하루였다. 불을 끄고, 스마트폰도 끄고 눈을 감아보지만 잠이 잘 오지 않았다. 생각이 너무 많아 머릿속이 시끄러웠다. 그래서 나는 2,500년 전부터 불교 승려들이 해오던 방법대로, 마음의 짐을 내려놓고 비움을 맞이하고 호흡에 귀를 기울이려고 노력했다. 천천히 아주 천천히, 나는 내 안으로 돌아왔다. 나는 아날로그 자명종을(그걸 아직 갖고 있다는 사실조차도 잊었었는데) 맞추고 다시 잠자리에 들었다. 내일 아침에는 알람을 끄기 위해 스마트폰을 손에 쥐었다는 핑계는 대지 못할 것이다. 이제 우리는 우리 자신을 더 많이 '품는' 법을 배워야 할 것이다.

에필로그

완전히 기진맥진한 상태가 되어버렸다. 신기술의 위험성에 대한 나의 연구는 끝났다. 이제 나는 향후 몇 년 내에 우리가 어떻게 될 것인지, 무엇을 잃을 것인지에 대한 정확한 이미지를 가지고 있으므로, 우리가 예전으로 돌아갈 수 있을 것이라고 나 자신을 속일 수 없게 되었다. 구원의 가능성이 없는 깨달음은 지성에 약간의 즐거움을 줄 수는 있지만 쓸모가 없는 성취인 것 같다.

나는 부엌 식탁에서 거실로 자리를 옮겼다. 여러 달에 걸친 시간 동안 나와 함께했던 책 더미 주위를 어슬렁거려보았다. 조만간 이 책들을 정리해 넣을 곳을 마련해야 한다. 저렇게 팽개쳐진 채로 둘 수는 없는 노릇이다. 책들은 집 구석구석을 점령했고 심지어 바닥 여기저기에도 쌓여 있었다. 주방에도 책이 한두 권씩은 꼭 있어서 그것을 치우고 커피를 만드는 일은 상당히 귀찮은 일이 되었다. 나는 책 더미 옆으로 가 모양과 색이 다 다른 책들을 하나하나 바라보았다. 이 멋진 물건은 많은 사람들을 위해 만들어진 것이지만 조만간 아주 극소수의 전유물로 남게 될 것이다. 수많은 애플리케이션과 스마트폰, 디지털 어시스턴트, TV 시리즈물 그리고 그 외에 덜 수고스러운 엔터테인먼트 형태들에 밀려나 아무것도 아닌 것이 되어버린 채 말이다. 더 이상 그저 암울한 예언이 아니라 피할 수 없는 운명이 되어버린 것 같았다.

책들 사이에서 아래에 깔려 있던 얇은 흰색 표지의 책을 발견했다. 얼마 전에 한참 동안을 찾았었는데, 결국 못 찾고 포기했던 책이었다. 2015년, 노벨 문학상을 수상한 스베틀라나 알렉시예비치의 저서로 《오직 사랑만이 분노에서 구해준다》라는 제목에 끌려서 샀던 책이었다. 책을 넘겨보며 나는 과학 연구, 에세이, 자기계발서, 치료법, 각종 핸드북 등 최근 몇 달 동안 내가 읽은 그 모든 것보다 이 책의 30페이지가 더 귀중한 것이었음을 깨달았다. 다큐멘터리를 위한 인터뷰를 실은 이 책은, 카메라 앞에 앉은 그녀가 "어느 쪽을 봐야 하나요?"라고 말하는 것으로 시작된다. 수년 동안 전쟁의 잔혹성과 체르노빌과 같은 인류의 크나큰 비극을 그린 뒤, 이 벨라루스 출신의 작가는 아무도 이야기하지 않는 사랑에 대해 이야기하기로 결심했다. 끔찍하게 파편화되고, 분노에 감염된 사회에서 사랑이 한 사람의 삶에 들어오면 무슨 일이 일어날까? 알렉시예비치는 자신이 그 주제를 택한 이유에 대해 이야기했다. "사랑이라는 거미줄을 짜는 데는 평생이 걸리며, 우리는 사랑이 올 때를 위해 준비하고 있어야 합니다." 책장을 후루룩 넘겨보다가 내가 여러 번 밑줄을 쳐 놓은 한 구절에서 시선이 멈추었다. 작가나 저널리스트의 직업을 가진 사람에게도 의미가 있는 구절이지만 우리가 맺는 웹과의 관계, 소셜 미디어와의 관계, 타인과의 관계, 삶과의 관계 같은 수많은 다른 것에도 유효한 구절이었다.

> 각자가 현실에서 자신이 가질 수 있는 것을 가져가듯이, 누구든 내게서 자신이 원하는 것을 가져갈 수 있지요. 그리하여 우리가 글로 쓰고 사진으로 찍는 것 이상으로 중요한 것은 개성입니다. 당신의 개성은 당신이 가진 유일한 안테나이며, 당신이 허용한 것들입니다. 또는 당신의 타고난 특성과 재능의 산물이지요. 안테나가 길수록 더 크고 풍요로운 현실이 당신에게 나타나겠지요. 그리고 그것은 점점 더 현실이 될 것입니다. 불행하게도 더 간단한 방법은 없어요.

안테나가 예민할수록 보이지 않는 신호와 궤적을 더 정확하게, 더 잘 포착할 수 있고, 우리를 둘러싼 이 지속적인 소음 속에서 방향을 더 잘 잡아 집으로 가는 길을 찾을 수 있을 것이다. 지름길은 없다. 그런데 이미 아무도 더 이상 신경 네트워크의 재생력을 믿지 않는다. 더 많은 정보가 유통될수록 정보는 이해하기 어려워지고 지식으로 전환되기 힘들어지기 때문이다.

우리는 세상의 혼란 속에서 우리를 안내하는 과제를 GPS와 스마트폰에 맡겼다. 그러나 그것은 온전히 작동하지 않고 부분적으로만 작동한다. 디스플레이에 사실들을 축적하는 것으로는 우리를 충분히 채울 수 없다. 사실은 중요하지만 그것이 현실은 아니다. 현실은 각자 나름의 해석으로 자신의 이야기를 하는 것이다. 우리의 가닥들과 (알렉시예비치가 말했듯이) "보이지도 않고 들리지도 않으며 오로지 느낄 수만 있는" 수백만 개의 가닥들을 엮는 일은 우리에게 달려 있다.

인터넷의 거인들은 우리를 끌어당기고 잘못된 길로 이끄는 데 너무나 능숙하다. 그러나 기술이 우리를 끌어당기기 위해 찾은 고리 중에서 우리 안에 없었던 것은 없다. 중독, 양극화, 분산, 편견, 분노, 두려움은 소셜 네트워크와 구글 이전부터 이미 존재해온 것들이다. 그것들은 우리 본성의 일부다. 마음에 들지 않을 수도 있다. 나도 동의한다. 그러나 이는 적어도 아직까지는 우리가 게임에서 완전히 진 것은 아니며, 우리 인생 전체가 단지 기술 때문에 다른 엉뚱한 곳으로 가고 있지 않다는 것을 의미한다. 우리 인간은 수많은 단점에도 불구하고 여전히 뼈와 살과 시냅스로 이루어진 특별한 존재다.

물론 이 게임에서 우리의 취약성을 간파하여 망치질로 균열을 내고 그 균열이 모든 것을 무너뜨리는 심연이 될 때까지 두드리고 또 두드려 돈을 버는 실리콘 밸리의 주인인 '그들'과 우리 사이의 힘의 불균형은 모든 저항이 무용지물로 보이게 만들 정도로 심하다. 우리 내부에 나약하거나 비뚤어져 있거나 부서진 것이 있다면 알고리즘이 그것을 찾아내어 회사 주주들을 위한 막대한 배당금으로, 또는 특정 목적을 위한 막대한 자금으로 바꿔놓을 것이다.

수년 동안 시민 수백만 명의 데이터를 수집하고, (기소장에 따르면) 2016년 미국 대통령 선거와 영국의 유럽연합 탈퇴에 대한 국민투표, 전 세계의 또 다른 일련의 선거 기간 동안에 시민의 결정을 조작했던 케임브리지 애널리티카Cambridge Analytica 사건의 핵심 증인인 브리트니 카이저Brittany Kaiser는 정치에 가장 환멸을 느끼고, 가장 한가하고, 가장 우유부단한 사람들이 허위 정보 캠페인에 어떻게 선택되었는지 증언했다. 그들은 한 마디로 가장 취약하기 때문에 가장 쉽게 영향을 받는 사람들이라는 것이다. 카이저는 《코리에레 델라 세라》와의 인터뷰에서 "그들은 설득하기 쉬운 사람들입니다. 그래서 그들에게 집중하는 것입니다"라고 말했다. "이미 확고한 신념을 가진 사람들과 시간을 낭비할 필요가 없습니다. 이것은 가장 강력한 무기이자 가장 위험한 무기입니다. 적시에 그들에게 공포와 불안을 심어주기 위해 호도된 메시지를 보내는 거죠. 투표 결과를 바꾸기 위해서는 1~2퍼센트만 움직여도 충분합니다." 나도 인터넷 설득자들의 은밀한 분류에 따라 '정치에 환멸을 느끼는 사람들' 유형에 분류되어 '설득하기 쉬운 사람들' 사이에 들어갈 뻔하지 않았을까 하는 생각이 들었다. 카이저는 이탈리아 TV 프로그램 〈프레자디렛타Presadiretta〉와의 인터뷰에서, 미국에는 회사(케임브리지 애널리티카)가 원하는 일(트럼프에게 투표하는 일)은 절대로 하지 않겠지만 자신이 하고 싶은 일(힐러리에게 투표하는 일)을 하지 말라고 하면 설득될 사람들이 충분히 있었다고 말했다. 말장난처럼 들리지만 이것은 수십억 달러의 가치가 있는 '마이크로타깃팅microtargeting' 전략이다. "사람이 거주하는 모든 장소, 신용카드를 사용하는 모든 시간, 매일 가는 장소, 습관, 생활방식 같은 요소들을 분석하여 그들은 우리가 무엇을 할지 예측합니다. 우리가 그 무엇을 하기도 전에 말이죠."

구글의 개인 맞춤 광고 부문에서 근무한 제임스 윌리엄스James Williams는 옥스퍼드의 그 뜨거웠던 벤치에서 내게 이렇게 말했었다. "디지털 광고의 세계는 수천 개의 작은 '케임브리지 애널리티카'로 이루어져 있습니다. 물론 그것은 단지 인터넷의 비즈니스 모델일 뿐입니다. 지금 모두가 그 회사의 불법 행위에 대해 걱정하고 분노하고 있다는 점은 저도 기쁘게 생각합니다만, 이러한 행위가 예외적인 일이 아니라 언제든지 다시 일어날 수 있다는 사실은 그대로 남아 있어요. 케임브리지 애널리티카가 이러한 반향을 불러일으킨 이유는 브렉시트와 트럼프의 등장 같은 현상을 정당화해 줄 희생양이 필요했기 때문입니다. 매우 복잡한 질문들에 대해 우리는 간단한 답을 찾고 싶어 합니다. 문제는 '설득 산업' 시스템 전체입니다. 케임브리지 애널리티카 사례를 공론화하는 것은 좋지만, 단 하나의 행위자에게 잘못을 돌리고 그 회사 문을 닫게 함으로써 문제를 해결했다고 잘못 생각하게 될 수 있습니다. 그것만으로는 절대 문제가 해결되지 않는다는 것을 알아야 합니다."

그렇다. 문제 해결은 쉬운 일이 아니다. 그러나 그럼에도 불구하고 우리는 이 디지털 무굴제국의 허를 찌를 생존전략을(다소 임시방편이라고 해도) 찾을 수 있을 것이다. 어느 유명한 과학자는 우리가 진화한 해면이라고 말하기도 했다. 우리가 어울리는 사람들, 하는 일, 읽는 책, 삶의 방식 등 우리는 우리를 둘러싼 환경으로부터 모든 종류의 정신적 자극을 흡수한다. 이제는 주변에 누구를 둘지, 무엇을 둘지를 좀 더 신중하게 선택해야 할 때가 온 것이다. 그리고 우리가 살고 있는 시대를 감안할 때, 나는 거울로 자신을 둘러싸지 않는 것이 바람직하다고 말하고 싶다. 지식이란 것이 화려하게 치장한 동어반복이 아니라면, 우리는 우리와 다르게 생각하는 사람들의 말에도 귀를 기울이기 시작해야 하고, '필터 버블filter bubble'(인터넷 정보 제공자가 이용자에게 맞춤형 정보를 제공함에 따라 선별된 정보에 둘러싸이게 되는 현상)도 터뜨려야 한다. 그것은 우리의 의심을 키우고 불확실성을 키우는 데 도움이 될 것이다. 의심과 불확실성이야말로 언제나 자유로운 정신의 표지였으니 말이다.

얼마 전 미국 최고의 법률 전문가 중 한 명인 캐스 선스타인Cass Sunstein은 인터뷰에서 "페이스북과 기타 기업들은 문제를 발생시키는 메아리 효과에 대해 걱정하기 시작했습니다. 기술 세계에서 활동하는 사람들을 포함하여 많은 사람들이 '랜덤 아키텍처'를 개발하여 자신과 다른 의견들도 찾아보고, 자신이 모르는 문제들에도 노출될 수 있도록 하고 있습니다." 선스타인이 "뉴스 피드에 대한 모든 보수적 견해를 진보적 견해로 또는 진보적 견해를 보수적 견해로 바꿀 수 있는" 버튼을 상상한 것은 2017년의 일이었다. "당신이 받는 뉴스가 이웃이 받는 뉴스와 완전히 다를 수도 있습니다." 미국 대통령 선거와 브렉시트에 대한 국민투표가 바로 코앞으로 다가온 시점이었다. 나에게는 '랜덤 아키텍처'라는 말이, 완벽하지만 공상 과학 소설에나 나올 법한 언어적 장치 같아 보였다. 몇 달 뒤 나는 우리와 완전히 다르게 생각하는 사람들 중에서 알고리즘에 의해 무작위로 선택된 사람의 트위터 피드를 보여주는 (MIT 미디어랩에서 만든 구글 크롬의 확장프로그램인) 플립피드FlipFeed 같은 프로그램들이 존재한다는 것을 알게 되었다. 우리가 늘 읽는 뉴스피드에 안주해 있지 않도록 경고 메시지를 보내 다른 사람들은 무엇을 읽는지 살펴보라고 권고하는 편향 감지기인 리드 어크로스 디 아일Read Across The Aisle, 다양한 관점을 포함하는 버즈피드BuzzFeed의 아웃사이드 유어 버블Outside Your Bubble 기능, '진보적 성향을 보이는 독자라도 읽을 가치가 있는 5개의 보수적인 기사'를 선별, 추천해주는 《가디언》 주간 고정 코너 〈필터 버블 터뜨리기Burst your bubble〉 등이 그것이다. 이 프로그램들은 모두 '필터 버블'을 터뜨리기 위한 것들이다. 같은 생각을 되풀이하며 강화하는 편향성에 대한 해독제로서 다양성을 약간 주입해주는 이러한 장치들은 많지는 않지만 어쨌든 다시 시작하기에 좋은 하나의 출발점이라 할 것이다.

인류세라는 이 이상한 국면에서 살아남기 위해 우리는 유한성을 받아들이기 시작해야 한다. 모든 정보를 항상 가지고 있어야 하는 것도 아니고, 모든 것을 알 필요도 없으며, 모든 것에 대해 항상 어떤 의견을 갖고 있어야 하는 것도 아니라는 생각을 편안하게 받아들이기 시작해야 한다. 상처나 모난 부분을 받아들이고, 지루함과 고통을 굳이 다른 것으로 돌리려 애쓰지 않고 우리의 마음에 자리를 내주며, 쉽사리 다시 찢어지더라도 마음속의 구멍을 메우고 꿰맬 수 있어야 한다. 슬픔과 외로움, 무력감은 마치 바다의 파도처럼 언제든 다시 돌아올 감정들이므로, 우리는 그것들을 있는 그대로, 파도와 같은 것이라고 인정하고, 감사와 연민의 마음을 키워야 한다. 무엇이 우리를 편안하게 만들어주는지 인식할 준비를 하고, 또 가능한 한 그것을 확대하도록 지속적으로 노력해야 할 것이다. 마치 소리굽쇠가 깊고 긴 울림을 내듯이 일상의 모든 몸짓을 조율하는 것이다.

구글의 공동 창립자인 세르게이 브린은 한 인터뷰에서 "누군가는 구글이 신이라고 말하고 또 누군가는 구글이 악마라고 말합니다. 그러나 구글이 너무 강력하다는 생각이 든다면, 클릭 한 번으로 충분히 다른 검색 엔진으로 갈 수 있다는 것을 기억하기 바랍니다. 사람들이 구글을 사용하는 것은 스스로 원하기 때문입니다. 우리는 아무도 속이지 않습니다"라고 말했다. 동의할 수 없다. 그도 우리가 쉽게 클릭하여 다른 곳으로 갈 수 없다는 것을 잘 알고 있었다.

오래 전 나는 우리가 인생에서 적어도 한 번쯤은 만나고 싶다고 바랄 법한 사랑에 빠졌었다. 어쩌면 누군가는 그것이 결국 우리를 어떻게 만드는지를 생각하면 차라리 모르는 편이 더 건강에 좋은 거라고 할지도 모를, 그런 감정 말이다. 우리는 그것을 사랑이라고 부른다. 그것을 소용돌이나 집착 또는 중독이라고 부른다면 별로 낭만적이지 않게 들릴 테니 말이다. 내 마음을 온통 쏟아부었던 그 대상도 구글과 똑같았다. 나를 속이거나 나에게 머물라고 강요하지 않았다. 내가 그에게 어떤 의미인지에 대해서도 거짓말을 한 적이 없었다. 우리 사이에 모호함은 없었고, 페이스북의 사전 동의 조항처럼 모든 것이 투명했다. 나는 그 사랑이 나에게 얼마나 상처를 주는지 잘 알면서도 계속 그를 찾았다. 그를 만나 도파민을 얻기 위해 나는 굴욕감과 코티솔의 분비를 기꺼이 받아들였다. 그가 나를 만나줄 때면(기껏해야 한두 시간 정도였다) 나는 내가 마치 온 우주의 중심에 있는 것처럼 느껴졌지만, 그와 헤어진 뒤에는 다시 처음의 텅 빈 공허로 다시 돌려보내졌다. 그는 아무런 설명도 하지 않았고, 사실 설명할 것도 없었다. 나는 그저 감정의 요요를 돌리고 있었고, 그 요요의 줄이 풀려 내동댕이쳐지기를, 그리하여 마침내 내가 벽에 부딪혀 깨져버리기만을 바랄 뿐이었다. 그것이 최선은 아니었겠지만 그 사랑을 끝내는 방법은 그것밖에 없었기 때문이다. 그야말로 '클릭 한 번으로' 나 자신을 구할 수 있었는데도 계속해서 그를 만난 이유는 설명하기 쉽지 않다. 어쩌면 내가 견뎌낼 수 있는 최대 한계치가 어디까지인지 알고 싶었던 것인지도 모르겠다. 그 당시 나는 뇌의 메커니즘에 대해 무지했고 예측할 수 없는 보상에 대한 아둔한 고집을 가진 스키너 박사의 비둘기와 가변 보상과 조건화의 개념을 알지 못했다. 중독의 '작동 방식'(무엇에 대한 중독이든)을 그때는 미처 몰랐던 것이다.

캐서린 프라이스의《스마트폰과 헤어지는 법》에서 스마트폰은 "역기능적 관계에 있는 전형적인 파트너로, 나를 아프게 하는 동시에 나를 자신에게 다시 돌아오도록 끌어당기는 힘이 있다"라는 구절을 읽었을 때 나는 그것이 무슨 말인지 완벽하게 이해했다. 약간의 쾌락이 깃들어 있는 자해. 바로 내 특기다. 나쁜 점은 스마트폰과 헤어져 있는 이별의 시간이 얼마나 오래 지속될 것인지 알 수 없다는 것이고, 좋은 점은 그것이 우리에게 달려 있다는 것이다.

우리는 성장하면서 아픈 사랑에서 빠져나오게 된다. 우리가 삶을 통제하지 못한다는 사실에 지쳤을 때, 우리가 서로를 아끼며 살아가기 위해 돌아올 때, 아니면 단순히 그 아픈 사랑이 더 이상 재미가 없을 때 말이다.

놀랍지만 실제로 일어나는 일이다.

산만함의 시대, 우리의 뇌가 8초밖에 집중하지 못하는 이유

8초 인류

초판 1쇄 발행 2022년 4월 18일
초판 3쇄 발행 2023년 7월 14일

지은이 리사 이오띠
옮긴이 이소영
펴낸이 성의현
펴낸곳 (주)미래의창

편집주간 김성옥
편집진행 정보라
디자인 공미향
홍보 및 마케팅 연상희 · 이보경 · 정해준 · 김제인

출판 신고 2019년 10월 28일 제2019-000291호
주소 서울시 마포구 잔다리로 62-1 미래의창빌딩(서교동 376-15, 5층)
전화 070-8693-1719 **팩스** 0507-1301-1585
홈페이지 www.miraebook.co.kr
ISBN 979-11-91464-87-0 03400

※ 책값은 뒤표지에 있습니다.